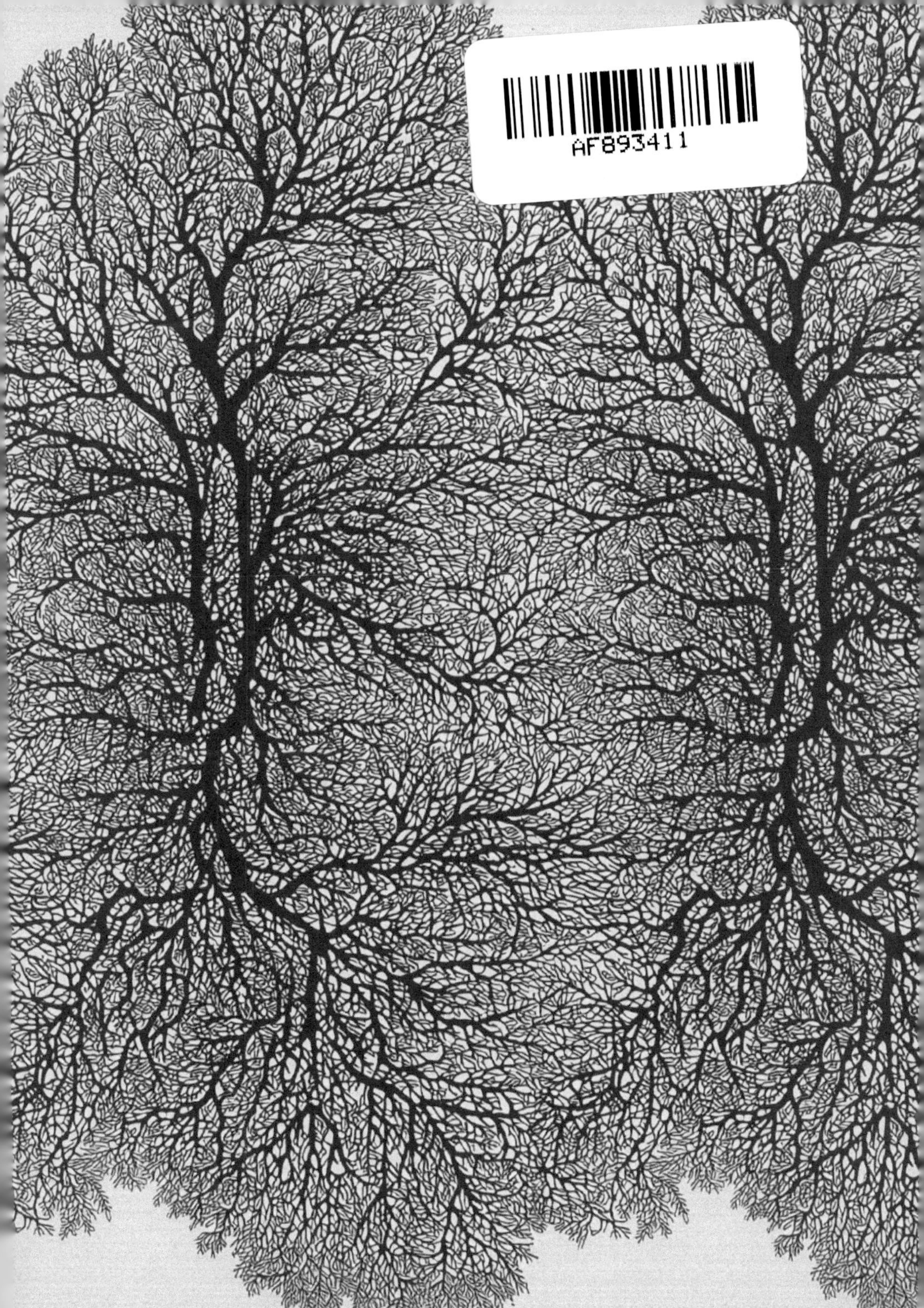

Artemis Saage

Dendrología y Arboricultura: Guía Práctica de los Árboles y el Bosque

Manual esencial de silvicultura y manejo del vivero para profesionales y estudiantes de ciencias forestales

181 Fuentes
31 Fotos / Gráficos
13 Ilustraciones

Aviso legal

Saage Media GmbH
c/o SpinLab – The HHL Accelerator
Spinnereistraße 7
04179 Leipzig, Germany
E-Mail: contact@SaageMedia.com
Web: SaageMedia.com
Commercial Register: Local Court Leipzig, HRB 42755 (Handelsregister: Amtsgericht Leipzig, HRB 42755)
Managing Director: Rico Saage (Geschäftsführer)
VAT ID Number: DE369527893 (USt-IdNr.)

Editorial: Saage Media GmbH
Publicación: 01.2025
Diseño de portada: Saage Media GmbH
ISBN Tapa blanda (es): 978-3-384-48637-0
ISBN Ebook (es): 978-3-384-48638-7

Legal / Avisos

de la IA sirve como herramienta de apoyo para brindar a nuestros lectores una experiencia de lectura de alta calidad e inspiradora.
Este libro ha sido traducido del alemán. No se pueden descartar completamente las desviaciones del original o los errores de traducción. Todas las fuentes citadas en el libro están disponibles en inglés. No asumimos ninguna responsabilidad por inexactitudes o malentendidos de contenido que puedan surgir por la traducción.

Índice

Queridos lectores,

les agradezco de corazón que hayan elegido este libro. Con su elección, no solo me han brindado su confianza, sino también parte de su valioso tiempo. Lo aprecio mucho.

Los árboles configuran nuestro paisaje y son elementos centrales de nuestros ecosistemas, pero su correcta identificación y cuidado requieren un conocimiento sólido. Este libro especializado, orientado a la práctica, guía sistemáticamente a través del mundo de la dendrología: desde la identificación precisa de especies hasta métodos profesionales de cultivo y técnicas modernas de poda y cuidado. Combina fundamentos científicos con aplicación práctica. No solo aprenderá la clasificación taxonómica y las características morfológicas de diversas especies de árboles, sino que también recibirá instrucciones concretas para la propagación, plantación y poda adecuada de los árboles. La obra es adecuada tanto para futuros expertos forestales como para entusiastas de la naturaleza. Con más de 200 ilustraciones detalladas, claves de identificación prácticas y consejos de cuidado específicos para cada especie, esta guía proporciona las herramientas necesarias para el trabajo exitoso con árboles. Descubra ahora el fascinante mundo de la dendrología y amplíe su competencia profesional con este completo manual práctico.

Les deseo ahora una lectura inspiradora y esclarecedora. Si tienen sugerencias, críticas o preguntas, agradezco sus comentarios. Solo a través del intercambio activo con ustedes, los lectores, las futuras ediciones y obras podrán mejorar aún más. ¡Manténganse curiosos!

Artemis Saage
Saage Media GmbH

- support@saagemedia.com
- Spinnereistraße 7 - c/o SpinLab – The HHL Accelerator, 04179 Leipzig, Germany

Introducción

Para ofrecerle la mejor experiencia de lectura posible, nos gustaría familiarizarle con las características principales de este libro. Los capítulos están organizados en un orden lógico, permitiéndole leer el libro de principio a fin. Al mismo tiempo, cada capítulo y subcapítulo ha sido diseñado como una unidad independiente, por lo que también puede leer selectivamente secciones específicas que sean de particular interés para usted. Cada capítulo se basa en una investigación cuidadosa e incluye referencias completas. Todas las fuentes están directamente enlazadas, permitiéndole profundizar en el tema si está interesado. Las imágenes integradas en el texto también incluyen citas de fuentes apropiadas y enlaces. Una visión general completa de todas las fuentes y créditos de imágenes se encuentra en el apéndice enlazado. Para transmitir eficazmente la información más importante, cada capítulo concluye con un resumen conciso. Los términos técnicos están subrayados en el texto y se explican en un glosario enlazado ubicado directamente debajo.

Para acceder rápidamente al contenido en línea adicional, puede escanear los códigos QR con su smartphone.

Materiales adicionales de bonificación en nuestro sitio web

En nuestro sitio web, ponemos a su disposición los siguientes materiales exclusivos:

- Contenido adicional y capítulos extra
- Un resumen general compacto
- Un archivo PDF con todas las referencias
- Recomendaciones de lectura adicional

El sitio web está actualmente en construcción.

SaageBooks.com/es/arboles-bonus-BCP8TKY

1. 0. 0. Fundamentos de Dendrología

La dendrología, el estudio científico de las plantas leñosas, constituye la base para nuestra comprensión del mundo de los árboles. Pero, ¿qué hace que un árbol sea realmente un árbol? ¿Cómo se diferencian entre sí las distintas especies de árboles y qué papel juegan las características morfológicas en su identificación? La recopilación y clasificación sistemática de especies de árboles requiere tanto conocimientos teóricos como habilidades prácticas. Desde la clasificación taxonómica hasta el análisis de las estructuras de la corteza y los cambios estacionales, la dendrología integra diversos aspectos de la botánica y la ecología. Además, las tecnologías modernas y las herramientas digitales de identificación están adquiriendo cada vez más importancia. ¿Cómo se pueden identificar los árboles de manera segura incluso sin hojas? ¿Qué papel juegan los brotes y los patrones de ramificación? ¿Y cómo se documentan adecuadamente las observaciones dendrológicas? Los fundamentos de la dendrología constituyen la herramienta esencial para cualquiera que se ocupe de los árboles, ya sea de manera científica o práctica. El siguiente capítulo presenta los conceptos y métodos esenciales, desde las características de identificación clásicas hasta los procedimientos de análisis modernos.

1. 1. 0. Sistemática y Clasificación

¿Cómo se pueden registrar y clasificar sistemáticamente las diversas formas de los árboles? ¿Qué características son decisivas para su clasificación y cómo han evolucionado los métodos de identificación de árboles a lo largo del tiempo? Estas preguntas han ocupado a los dendrólogos durante siglos y siguen siendo objeto de investigación científica hasta el día de hoy. La clasificación sistemática de los árboles sigue principios claros, que se basan en características morfológicas, relaciones filogenéticas y análisis genéticos. Este conocimiento no solo es relevante para los científicos, sino que también constituye la base del trabajo práctico de los forestales, arquitectos paisajistas y propietarios de jardines. La dendrología moderna combina métodos de identificación clásicos con los últimos hallazgos de la biología molecular. Esto permite una comprensión cada vez más precisa de las relaciones de parentesco entre diferentes especies de árboles y sus adaptaciones específicas a diversos hábitats. Las siguientes secciones muestran cómo se puede construir y aplicar sistemáticamente este conocimiento en la práctica.

> *„La distinción más fundamental se realiza entre las gimnospermas y las angiospermas. Entre las gimnospermas se encuentran, por ejemplo, nuestros árboles de coníferas autóctonos como los abetos y los pinos, mientras que los árboles de hoja caduca como los robles y las hayas pertenecen a las angiospermas."*

1. 1. 1. Clasificación taxonómica de las especies arbóreas

La clasificación taxonómica de las especies arbóreas sigue un sistema jerárquico basado en características comunes y relaciones evolutivas [s1]. Esta clasificación sistemática es fundamental para la comprensión de la dendrología y permite a profesionales así como a aficionados interesados una comunicación precisa sobre diferentes especies de árboles. La distinción más básica se realiza entre gimnospermas (Gymnospermae) y angiospermas (Angiospermae) [s1]. Entre las gimnospermas se encuentran, por ejemplo, nuestros árboles de coníferas nativos como los abetos y los pinos, mientras que los árboles de hoja caduca como los robles y las hayas pertenecen a las angiospermas. Un consejo práctico para los propietarios de jardines: al plantar, tenga en cuenta que los árboles de coníferas a menudo tienen diferentes requisitos de suelo que los árboles de hoja caduca y suelen ser amantes de los suelos ácidos.

Dendrología [i1]

Gimnospermas [i2]

La moderna dendrología utiliza diversas características morfológicas para la clasificación [s2]. Entre las más importantes se encuentran:
- Características de las hojas (forma, disposición, nervadura)
- Estructura de la corteza
- Flores y frutos
- Forma de crecimiento
- Yemas y ramas
- Exudados especiales (exudados)

Exudados [i3]

Para la identificación práctica en el campo, es útil concentrarse primero en las características más llamativas. En invierno, cuando no hay hojas, las características de las yemas y la corteza son especialmente importantes [s2]. La familia representa un nivel taxonómico particularmente importante, ya que los árboles dentro de una familia a menudo tienen requisitos similares en cuanto a ubicación y cuidado, así como vulnerabilidades similares a enfermedades y plagas [s1]. La familia de las Rosaceae, por ejemplo, incluye muchas especies de árboles frutales importantes que tienen requisitos de cuidado similares [s3]. En la zona templada de Europa, encontramos especies arbóreas principales características [s4], cuyo conocimiento es esencial para la silvicultura práctica y el diseño de jardines. La denominación científica de una especie arbórea sigue la nomenclatura binomial, que consiste en el nombre del género y el nombre de la especie [s1]. La moderna dendrología ha evolucionado de una mera descripción de las formas de crecimiento a una ciencia integral [s5], que también considera aspectos ecológicos y económicos. Para los silvicultores y propietarios de bosques, es importante saber que ciertas especies arbóreas forman comunidades forestales naturales y se adaptan óptimamente entre sí. Hoy en día, se pone un enfoque especial en la integración de la taxonomía, la evolución y la filogenética [s6]. Esto permite una comprensión más profunda de las relaciones de parentesco entre diferentes especies arbóreas y sus adaptaciones a diferentes ubicaciones. Para el trabajo práctico en el campo, es importante prestar atención, además de las características morfológicas, a los indicadores geográficos y ecológicos [s2]. Así, ciertas plantas acompañantes o condiciones del suelo pueden proporcionar pistas importantes sobre las especies arbóreas esperadas. La clasificación taxonómica no es una ciencia estática: con el aumento del conocimiento y nuevos métodos de investigación, las clasificaciones pueden cambiar [s1]. Por lo tanto, los profesionales deben asistir regularmente a cursos de formación y consultar literatura especializada actual. Para la identificación y clasificación exitosa de especies arbóreas, se recomienda proceder de manera sistemática y considerar todas las características disponibles. Un libro de identificación bien equipado y una lupa deben estar siempre a mano durante el trabajo de campo.

Glosario

Angiosperma
Grupo de plantas con semillas cuyas semillas maduran en un ovario cerrado

Taxonomía
Ciencia de la clasificación y nomenclatura de los seres vivos según ciertas reglas y criterios

Dendrología
Ciencia de las plantas leñosas que se ocupa de su identificación, sistemática y características

Exudado
Excreciones naturales de los árboles como resinas, gomas u otros jugos vegetales

Filogenética
Ciencia del desarrollo filogenético y parentesco de los seres vivos

Gimnosperma
Grupo de plantas con semillas cuyas semillas están libres sobre las escamas de las piñas y no están encerradas por ovarios

1. 1. 2. Características morfológicas

Las características morfológicas de los árboles forman la base para su identificación y clasificación sistemática. En este contexto, diversas estructuras y propiedades juegan un papel central, que pueden ser más o menos evidentes según la estación del año [s7]. Una característica especialmente importante es el tronco, que puede presentar propiedades distintivas. Algunas especies de árboles desarrollan lo que se conoce como raíces tablares (Buttresses) o costillas del tronco (flautas), que son importantes rasgos de identificación [s8]. Al trabajar en el campo, se debe examinar el tronco de abajo hacia arriba y también tener en cuenta la forma del tronco. Un consejo práctico para los silvicultores y botánicos: fotografíe el tronco desde diferentes perspectivas para poder comparar mejor las características distintivas más tarde. La distinción entre plantas leñosas de hoja caduca y perennes representa otro criterio morfológico importante [s9]. Por ejemplo, el haya común (Fagus sylvatica) pierde sus hojas en otoño, mientras que el acebo (Ilex aquifolium) mantiene sus hojas durante todo el año. Esta información es especialmente relevante para los planificadores de jardines, ya que las especies perennes pueden proporcionar privacidad incluso en invierno. Un aspecto fascinante de las plantas leñosas es el desarrollo de su sistema vascular secundario. El cámbium, un meristemo lateral, produce continuamente nuevas células de xilema y floema [s9]. Esta estructura permite el crecimiento en grosor de los árboles y conduce a la formación de los anillos de crecimiento característicos, que no solo revelan la edad de un árbol, sino que también permiten inferencias sobre las condiciones ambientales pasadas. Para la identificación práctica de especies de árboles, se han utilizado claves de identificación dicotómicas [s7] [s10]. Estas guían al usuario a través de una serie de decisiones de sí/no hacia la especie buscada. Es importante registrar sistemáticamente todas las características morfológicas disponibles. Un consejo práctico para principiantes: comience con características fácilmente reconocibles, como la forma de la hoja, y luego avance hacia los detalles más finos. La anatomía y morfología de las plantas abarca varios tipos de tejidos principales y órganos [s11]. En la identificación de familias de plantas con flores, las características morfológicas de las flores juegan un papel importante. Para el trabajo práctico, es recomendable llevar una lupa para poder examinar de cerca estructuras pequeñas como las características de las flores. Curiosamente, los eudicotiledóneas, a las que pertenecen la mayoría de las familias de árboles, constituyen aproximadamente el 75% de todas las especies con flores [s7]. Este gran grupo se caracteriza por rasgos morfológicos específicos que pueden ayudar en la identificación. Para los estudiantes de dendrología, es aconsejable concentrarse inicialmente en las familias más comunes y aprender sus características típicas. Las características morfológicas de los árboles no son estáticas, sino que pueden cambiar según las condiciones ambientales y la edad del árbol. Por lo tanto, los expertos forestales y jardineros deben considerar siempre el sitio y la etapa de desarrollo del árbol al realizar la identificación. Un consejo útil para la práctica: documente también las condiciones del sitio y la edad estimada del árbol al identificar, para poder clasificar mejor las características morfológicas observadas.

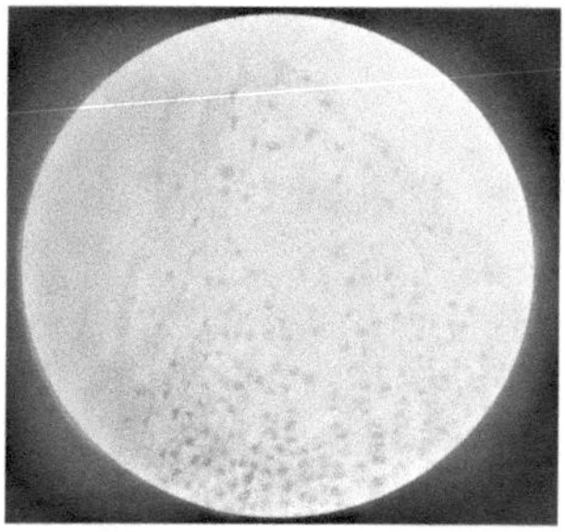

Meristemo [i4]

Glosario

Buttresses
Raíces de soporte que se desarrollan por encima del suelo en la base del tronco de árboles tropicales y que sirven para la estabilización mecánica

Kambium
Una delgada capa de células capaces de dividirse entre la madera y la corteza, responsable del crecimiento en grosor del árbol

Eudicot
Gran grupo de plantas con flores que se caracteriza por tener dos cotiledones y nervaduras foliares típicas

Phloem
Tejido conductor en plantas responsable del transporte de nutrientes desde las hojas a otras partes de la planta

Meristem
Tejido de división en plantas que asegura el crecimiento y desarrollo mediante la constante división celular

Xylem
Tejido conductor en plantas responsable del transporte de agua desde las raíces hasta las hojas

1. 1. 3. Áreas de distribución de árboles nativos

Las áreas de distribución de los árboles nativos son el resultado de interacciones complejas entre condiciones climáticas, propiedades del suelo y factores biológicos. En Europa Central, a lo largo de milenios, se han desarrollado comunidades forestales características que reflejan ciertas exigencias de ubicación [s12]. La distribución vertical de las especies de árboles sigue un claro gradiente de altitud. Así, encontramos en las zonas bajas hasta aproximadamente 700 metros predominantemente bosques de robles y hayas, mientras que en las zonas medias entre 700 y 1.400 metros dominan los bosques de hayas. Para los silvicultores y propietarios de bosques, es importante saber que esta distribución natural debe ser considerada en la gestión forestal para desarrollar poblaciones estables y sostenibles. Un ejemplo fascinante de adaptación a diferentes altitudes lo muestran las diversas especies de álamos. Al igual que los Cottonwoods norteamericanos [s13], nuestros álamos nativos también tienen preferencias de altura específicas por especie. El álamo negro (Populus nigra) es, por ejemplo, típico de las riberas de ríos en zonas más bajas, mientras que el álamo temblón (Populus tremula) puede avanzar hasta altitudes de 1.800 metros. La distribución geográfica está fuertemente influenciada por factores climáticos. Un consejo práctico para los forestales y planificadores de jardines: al elegir especies, considere los cambios climáticos pronosticados. Las especies en el límite de su área de distribución natural pueden estar especialmente amenazadas por el cambio climático. También es interesante la superposición de diferentes áreas de distribución, que puede llevar a la formación de híbridos [s14]. Esto se observa, por ejemplo, en nuestras especies nativas de robles, donde el roble pedunculado y el roble melojo pueden formar híbridos naturales. Para la silvicultura práctica, esto significa que al recolectar semillas se debe prestar atención a la pureza genética de los árboles madre. La distribución de los robles [s15] muestra de manera impresionante cómo un género puede ocupar diferentes nichos ecológicos. En Europa Central, encontramos el roble pedunculado (Quercus robur) con frecuencia en zonas húmedas bajas, mientras que el roble melojo (Quercus petraea) tiende a habitar sitios más secos. Para los planificadores paisajísticos, es importante saber que estas preferencias naturales de ubicación también deben ser consideradas al diseñar parques y áreas verdes. Un aspecto importante al considerar las áreas de distribución es la creciente problemática de las especies invasoras. Al igual que en las zonas ribereñas de Colorado [s13], también observamos en Europa la expansión de especies de árboles no nativos que pueden desplazar a las especies autóctonas. Para los conservacionistas y silvicultores, esto plantea la importante tarea de observar tales desarrollos y, si es necesario, contrarrestarlos. Las áreas de distribución naturales no son límites rígidos, sino que están sujetas a cambios dinámicos. Para el trabajo práctico, esto significa monitorear regularmente el desarrollo de las poblaciones de árboles y ajustar las estrategias de gestión. Un consejo práctico para los propietarios de bosques: documente los cambios en la regeneración natural, ya que esto puede proporcionar indicios tempranos sobre cambios en la composición de especies.

Bosque de robles y carpes [i5]

Glosario

Álamo
Especies de álamos americanos que se caracterizan por un crecimiento especialmente rápido y semillas algodonosas

Ribereño
Se refiere a las áreas ribereñas inmediatas de los cuerpos de agua, caracterizadas por una humedad especial y inundaciones regulares

Resumen - 1. 1. Sistemática y Clasificación

- La clasificación taxonómica se basa en relaciones evolutivas de parentesco y se divide fundamentalmente en gimnospermas y angiospermas.
- Las coníferas suelen ser amantes de los ácidos y tienen diferentes requerimientos de suelo en comparación con las especies de hoja caduca.
- La familia es especialmente relevante desde el punto de vista taxonómico, ya que los árboles de una misma familia a menudo presentan susceptibilidades similares a enfermedades y necesidades de cuidado.
- La dendrología moderna integra taxonomía, evolución y filogenética para una comprensión más profunda de las relaciones de parentesco.
- Algunas especies de árboles desarrollan raíces tablares (buttresses) o costillas en el tronco como características distintivas importantes.
- El cambium, como meristemo lateral, produce continuamente nuevas células de xilema y floema para el crecimiento en grosor.
- Los eudicotiledóneas, a las que pertenecen la mayoría de las familias de árboles, constituyen aproximadamente el 75% de todas las especies con flores.
- En Europa Central, predominan los bosques de robles y hayas hasta 700 m de altura, y por encima de eso, hasta 1400 m, principalmente bosques de haya.
- El álamo negro es típico de las riberas de los ríos, mientras que el álamo temblón puede alcanzar hasta 1800 m de altura.
- El roble pedunculado y el roble moscón pueden formar híbridos naturales, lo que debe tenerse en cuenta al recolectar semillas.
- El roble pedunculado prefiere terrenos bajos más húmedos, mientras que el roble moscón se encuentra en sitios más secos.

1. 2. 0. Características de hojas y corteza

La determinación de especies de árboles a partir de sus características externas es una de las habilidades fundamentales en la dendrología. Pero, ¿cómo se pueden identificar los árboles de manera segura cuando no hay flores presentes? ¿Qué papel juegan la estructura de la corteza, la disposición de los brotes y los cambios estacionales? La corteza de un árbol desarrolla patrones específicos de la especie a medida que envejece, mientras que los brotes y las ramificaciones siguen patrones de desarrollo sistemáticos. A lo largo del año, los árboles también experimentan cambios característicos en su apariencia externa. Estas características permiten una identificación precisa de la especie, siempre que se sepa en qué fijarse. Las siguientes secciones proporcionan el conocimiento necesario para identificar especies de árboles a partir de sus características de hojas y corteza de manera segura, una habilidad que es esencial tanto para el trabajo científico como para la aplicación práctica en la silvicultura y el cuidado de los árboles.

„La corteza de un árbol se desarrolla con la edad, pasando de una estructura generalmente lisa a patrones específicos de la especie, como surcos, rayas, escamas o placas.“

1. 2. 1. Estructuras y particularidades de la corteza

La corteza de un árbol no solo es su envoltura protectora, sino también una característica fascinante para la identificación, especialmente cuando no hay hojas presentes [s16]. A medida que los árboles envejecen, desarrollan estructuras de corteza características que pueden utilizarse como una huella dactilar única para determinar la especie [s17]. Por ejemplo, al pasear por un bosque mixto invernal, se destacan inmediatamente las diferentes estructuras de corteza. La Haya Americana se distingue por su corteza lisa y de color gris claro, que mantiene esta apariencia característica incluso en la vejez [s18]. En contraste, la Roble Rojo desarrolla una corteza oscura y surcada con marcadas estrías grises o plateadas, que los expertos también denominan "huellas de esquí" [s18]. El desarrollo de la estructura de la corteza a menudo sigue un patrón predecible: los árboles jóvenes generalmente presentan una corteza lisa, que cambia de manera específica de la especie a medida que envejece [s17]. Estos cambios pueden adoptar diversas formas: desde surcos profundos hasta rayas, escamas y placas. Un ejemplo particularmente impresionante es la Hickory de Corteza Desprendida, cuya corteza se separa del tronco en largas y anchas placas que se pliegan [s18]. La variedad de colores de las cortezas es notable y abarca desde tonos marrones y grises hasta blancos, así como tonos rojos, púrpuras, verdes y amarillos [s19]. En el caso del Arce Azucarero, por ejemplo, la corteza se presenta en un característico gris a gris pino con surcos y placas evidentes [s18]. Una característica importante para la identificación son también las lenticelas - áreas elevadas y similares al corcho en la corteza que sirven para el intercambio de gases [s19]. Estas pueden ser especialmente notorias en algunas especies y representar un rasgo distintivo importante. También es interesante el desarrollo de la estructura de la corteza en los pinos: los ejemplares jóvenes muestran una corteza escamosa de color marrón rojizo a gris, que con el tiempo se transforma en una estructura surcada y estriada con placas escamosas redondeadas [s20]. En el Fresno Blanco, con el tiempo se forman surcos muy característicos en forma de diamante que se cruzan [s18]. Para la identificación práctica de árboles, se recomienda no solo examinar visualmente la corteza, sino también palpar su textura. La corteza de la Ulma Roja, por ejemplo, se siente ligeramente esponjosa [s18], mientras que la de la Hickory Pignut se caracteriza por su extraordinaria dureza [s18]. A medida que aumenta el diámetro, muchas especies de árboles desarrollan pequeños patrones circulares con escamas de corteza elevadas [s21]. Estas estructuras a menudo se mantienen incluso en ejemplares más grandes y se complementan con escamas verticales, creando una apariencia característica. Para los principiantes en la identificación de árboles, es aconsejable comenzar con especies fácilmente reconocibles como la Haya Americana o la Hickory de Corteza Desprendida, cuyas características de corteza son especialmente marcadas. Con la experiencia, se pueden reconocer diferencias más sutiles e identificar especies más difíciles de determinar. La corteza también puede proporcionar información sobre el estado de salud de un árbol. Coloraciones inusuales, grietas o crecimientos pueden indicar enfermedades o infestaciones de plagas. Por lo tanto, el conocimiento preciso de la estructura normal de la corteza de una especie también es de gran importancia para el cuidado de los árboles.

Roble rojo [i6]

Glosario

Lenticela

Pequeñas aberturas en la corteza que funcionan como poros y son vitales para el árbol, ya que permiten el intercambio de oxígeno entre el tejido y la atmósfera. Se forman ya en el primer año de crecimiento.

1. 2. 2. Tipos de yemas y patrones de ramificación

Las yemas y los patrones de ramificación de los árboles siguen patrones de desarrollo complejos pero sistemáticos, que son de gran importancia para la identificación de especies, especialmente en invierno [s22]. Al observar las yemas, diferenciamos fundamentalmente entre yemas terminales (yemas en la punta de las ramas) y yemas axilares (yemas laterales), que se desarrollan a lo largo de la rama [s22]. Para la identificación práctica de árboles, es útil considerar primero la posición de las yemas en la rama. Siempre se encuentran por encima de las cicatrices foliares que quedan después de la caída de las hojas en otoño. Dentro de estas cicatrices foliares se pueden reconocer características marcas de haces vasculares: pequeños puntos que marcan las antiguas vías de conducción hacia la hoja [s22]. El número y la disposición de estas marcas de haces vasculares son específicos de cada especie y pueden servir como un rasgo de identificación importante. Los patrones de ramificación siguen diferentes principios básicos. En la forma de crecimiento monopodial, el eje principal se alarga continuamente a través de la yema terminal, mientras que en la forma símpodial, el crecimiento en longitud se produce a través de yemas laterales sucesivas [s23]. Un ejemplo ilustrativo de crecimiento monopodial lo ofrecen muchos árboles coníferos, mientras que los árboles frutales suelen crecer de manera simbodial. La morfología de las ramificaciones a menudo muestra una estructura "en forma de dedo" característica, donde los haces leñosos pasan del tronco principal a los ejes laterales [s24]. Esta arquitectura garantiza una integración óptima de los haces vasculares y estabilidad mecánica. Al examinar una rama en invierno, esto se puede observar especialmente bien en los puntos de inserción de los brotes laterales. Un fenómeno fascinante es la dominancia apical: la yema terminal produce hormonas vegetales que inhiben el brote de las yemas laterales [s25]. Esto explica por qué, después de cortar la punta de una rama (por ejemplo, al podar árboles frutales), las yemas laterales subyacentes brotan con más fuerza. Para los jardineros aficionados, este conocimiento es esencial para una poda adecuada. Particularmente interesante es el desarrollo de los patrones de ramificación en las palmas. Estas tienen un único punto de crecimiento (apical meristem), del cual surgen todas las nuevas hojas y flores [s26]. Sin embargo, algunas especies de palmas pueden formar múltiples troncos mediante la activación de yemas axilares en la parte inferior del tronco, lo que da lugar a un carácter de crecimiento agrupado. Los diferentes tipos de ramificación - apical, lateral, axilar y adventicia - permiten a los árboles adoptar diversas estrategias de crecimiento [s23]. Mientras que la ramificación apical (dichotómica) es evolutivamente muy antigua, la ramificación lateral con un eje principal dominante representa un desarrollo más reciente. Para la identificación práctica de árboles en invierno, se recomienda prestar atención, además de la posición y forma de las yemas, a su tamaño, color y escamas. La disposición de las yemas en la rama - opuesta, alterna o verticilada - es otro rasgo importante [s27]. Con algo de práctica, se pueden identificar muchas especies de árboles incluso en la temporada fría. El desarrollo de órganos laterales sigue un patrón preciso, donde el tipo de estructuras que se desarrollan depende de la vitalidad del brote [s25]. En brotes vigorosos con cortas distancias entre las inserciones foliares (Plastocrono), se forman más ramas vegetativas, mientras que los brotes más débiles tienden a formar yemas axilares suprimidas.

Dichotómico

Ramificación en forma de horquilla, donde un brote se divide en dos ramas equivalentes, una forma muy primitiva de crecimiento vegetal.

Monopodial

Crecimiento no ramificado con un eje principal continuo, típico de muchos árboles coníferos como abetos y píceas.

Plastocrono

Intervalo temporal entre la formación de dos yemas foliares consecutivas en la punta del brote. Cuanto más corto es el plastocrono, más rápido es el crecimiento.

Símpodial

Forma de crecimiento en la que el eje principal se compone de varios ejes laterales sucesivos, comúnmente encontrado en tilos y olmos.

1. 2. 3. Cambios estacionales

Los árboles experimentan cambios característicos a lo largo del año, que afectan no solo su apariencia externa, sino también sus procesos fisiológicos [s28]. Estas adaptaciones estacionales son especialmente evidentes en las especies de hoja caduca en las latitudes templadas. En primavera, cuando las temperaturas aumentan y los días se alargan, comienza la brotación de los botones [s28]. Un ejemplo particularmente impresionante de esto es el arce rojo, que produce racimos de flores rojas brillantes antes del desarrollo de sus hojas [s29]. Esta floración temprana permite una polinización efectiva por el viento, antes de que el follaje bloquee los caminos del polen. La transición de la primavera al verano se caracteriza por el desarrollo completo del follaje. Durante este tiempo, las copas de los árboles alcanzan su máximo índice de área foliar, lo que se refleja claramente en las propiedades de reflexión de las copas de los árboles [s30]. Para la identificación práctica de árboles, esto significa que las características distintivas del follaje son ahora más fáciles de reconocer. El otoño trae cambios dramáticos. En la zona templada del norte, las hojas verdes se transforman en un espectacular mosaico de colores [s31]. Diferentes especies muestran coloraciones características: los nogales, los tuliperos y los abedules de río desarrollan tonos amarillos, mientras que otras especies se tiñen de rojo [s31]. Para los identificadores de árboles, este es un momento ideal para estudiar y documentar las coloraciones otoñales específicas de cada especie. Curiosamente, patrones similares también se observan en los bosques secos tropicales, donde muchas especies de árboles pierden sus hojas durante la estación seca [s32]. La capacidad de los árboles para almacenar agua en el tronco permite la floración y el crecimiento de brotes incluso en períodos secos [s32]. Esta adaptabilidad se refleja en la fenología de las diferentes especies. La fase de reposo invernal revela de manera particularmente clara las características estructurales de los árboles. Los estudios de LiDAR han demostrado que los árboles de hoja caduca y los coníferos presentan diferentes propiedades geométrico-ópticas [s33]. Mientras que los árboles de hoja caduca quedan completamente desnudos, los coníferos solo pierden sus agujas más viejas a principios del otoño [s33]. Para la identificación práctica de árboles, se recomienda llevar un diario fenológico, en el que se documenten observaciones sobre la caída de hojas, la floración, la brotación y la producción de frutos [s28]. Las observaciones regulares durante las fases de transición en primavera y otoño son especialmente reveladoras. Los cambios estacionales también afectan la demografía y fisiología de las hojas. Los estudios han demostrado que la edad de las hojas tiene un impacto significativo en sus propiedades de reflexión [s30]. Estos hallazgos son especialmente importantes para la interpretación de datos de teledetección en la identificación de especies de árboles. En regiones tropicales como Tailandia, las propiedades de las hojas y los patrones fenológicos están estrechamente correlacionados con las condiciones locales del suelo y el clima [s34]. Durante la estación seca, pueden coexistir hojas viejas y nuevas, lo que puede complicar aún más la identificación de especies [s34]. Para la identificación práctica de árboles, es importante entender que los cambios estacionales no son solo apariencias superficiales, sino que representan estrategias de adaptación fundamentales de los árboles. La observación de estos cambios no solo permite una identificación segura de las especies, sino también una comprensión de la ecología y fisiología de las diferentes especies de árboles.

Glosario

Fenología

Disciplina científica que se ocupa de los ciclos temporales de eventos biológicos recurrentes en la naturaleza, como los tiempos de floración o la caída de hojas. Fundamental para entender la influencia del clima en las plantas.

Índice de área foliar

Indicador que expresa la relación entre la superficie total de las hojas de un árbol y la superficie del suelo que las sostiene. Parámetro importante para evaluar el rendimiento fotosintético y el balance hídrico.

LiDAR

Detección y medición de luz - método de medición óptica que utiliza rayos láser y crea nubes de puntos tridimensionales de estructuras arbóreas. Permite mediciones precisas de alturas de árboles y formas de copas.

Resumen - 1. 2. Características de hojas y corteza

- La corteza desarrolla estructuras específicas de la especie, como surcos, rayas, escamas y placas, a medida que envejece.
- Las lenticelas son áreas elevadas y similares al corcho en la corteza que sirven para el intercambio de gases.
- El nogal pignut se caracteriza por su corteza extraordinariamente dura.
- El crecimiento monopodial alarga el tallo principal a través del yema terminal, mientras que en la forma simpodial, el crecimiento en longitud ocurre a través de yemas laterales.
- La dominancia apical provoca que las yemas terminales inhiban el brote de las yemas laterales mediante hormonas.
- Las palmas poseen un único punto de crecimiento (meristemo apical) para todas las nuevas hojas y flores.
- La vitalidad del brote determina el tipo de estructuras que se desarrollan: los brotes vigorosos con cortos plastocronos tienden a formar ramas vegetativas.
- El arce rojo produce racimos de flores de un rojo brillante incluso antes del desarrollo de las hojas.
- Los estudios de LiDAR muestran diferentes propiedades geométrico-ópticas en árboles de hoja caduca y coníferas.
- La edad de las hojas tiene un impacto significativo en sus propiedades de reflexión, lo cual es relevante para la teledetección.

1. 3. 0. Métodos de identificación

La determinación precisa de especies arbóreas es una competencia fundamental de la dendrología, que requiere tanto experiencia científica como práctica. Pero, ¿cómo se pueden registrar y documentar sistemáticamente las diversas características de las diferentes especies de árboles? ¿Qué papel juegan las herramientas digitales modernas y qué métodos tradicionales han demostrado ser efectivos? Hoy en día, la identificación de árboles se lleva a cabo mediante una combinación de diversas técnicas, desde el análisis de imágenes digitales hasta la recolección de muestras estandarizadas y la documentación detallada de características morfológicas. En este proceso, los métodos dendrológicos clásicos y las tecnologías innovadoras se complementan entre sí, permitiendo una identificación de especies cada vez más precisa. Los siguientes apartados destacan los métodos más importantes para la identificación de árboles y muestran cómo se pueden combinar de manera óptima el conocimiento tradicional y la tecnología moderna en el trabajo práctico.

„Las ayudas digitales para la identificación permiten ingresar múltiples características simultáneamente y obtienen una lista de especies probables, lo que acelera significativamente la identificación en comparación con las claves dicotómicas impresas.“

---

1. 3. 1. Ayudas digitales de identificación

Las ayudas digitales de identificación han revolucionado la identificación tradicional de plantas y árboles, ofreciendo hoy en día diversas posibilidades para una identificación precisa de especies. Estas herramientas modernas combinan el conocimiento botánico clásico con tecnología innovadora, haciendo que la identificación sea accesible tanto para aficionados como para expertos [s35]. Un área clave son las aplicaciones móviles que utilizan inteligencia artificial y software de reconocimiento visual. Los usuarios pueden, por ejemplo, tomar una foto de una hoja de árbol, y el software sugiere posibles especies [s36]. Esto funciona especialmente bien con características distintivas como la forma de la hoja o la estructura de la corteza. Para obtener resultados óptimos, la foto debe tomarse en buenas condiciones de luz y la característica a identificar debe ser claramente visible. Particularmente innovadores son los herbarios digitales con modelos 3D de la flora local. Estos permiten una vista de 360 grados de las plantas, donde los usuarios pueden interactuar haciendo clic en diferentes partes de la planta para obtener información detallada. Los modelos se crean a partir de 100-300 imágenes individuales y pueden ser visualizados tanto en smartphones como en entornos de realidad virtual [s37]. Esto es especialmente valioso para la formación académica, ya que los estudiantes tienen acceso durante todo el año a representaciones detalladas de las plantas. Un aspecto importante de las ayudas digitales de identificación es su papel en la supervisión y documentación de especies invasoras. Aplicaciones especiales permiten a los usuarios documentar observaciones directamente en el campo y geolocalizarlas con coordenadas GPS [s38]. Si, por ejemplo, descubre el árbol del cielo (Ailanthus altissima), puede tomar fotos de inmediato, marcar la ubicación y enviar esta información a bases de datos centrales. Los claves de identificación digitales tienen la ventaja de permitir diferentes caminos de identificación en paralelo. A diferencia de las claves dicotómicas impresas, los usuarios pueden ingresar múltiples características al mismo tiempo y recibir una lista de especies probables [s35]. Por ejemplo, al identificar un roble, puede especificar simultáneamente la forma de la hoja, la forma del fruto y la estructura de la corteza, lo que acelera considerablemente la identificación. Para el ámbito profesional, existen aplicaciones especializadas para la identificación de plagas y diagnóstico de enfermedades. Estas herramientas conectan a los profesionales directamente con expertos y permiten diagnósticos remotos en tiempo real [s35]. Si, por ejemplo, descubre una infestación sospechosa de hongos en un árbol, puede enviar imágenes detalladas a especialistas y recibir una evaluación oportuna. La integración de inteligencia artificial ha mejorado significativamente la precisión de la identificación [s35]. Las aplicaciones modernas aprenden continuamente de los datos ingresados y pueden tener en cuenta particularidades regionales. Sin embargo, los resultados deben ser examinados críticamente, especialmente en el caso de especies que se parecen entre sí. Otra ventaja de las ayudas digitales de identificación es la posibilidad de utilizar datos cartográficos sin conexión [s38]. Esto es especialmente importante para el trabajo de campo en áreas sin cobertura de telefonía móvil. Descargue los datos cartográficos relevantes y las claves de identificación antes de una excursión para poder trabajar sin conexión a Internet. La interconexión de diferentes sistemas también permite la creación de extensas bases de datos de investigación [s39]. Si comparte regularmente sus observaciones, contribuye a la documentación de cambios en la flora local. Esto es especialmente valioso para investigar los efectos del cambio climático en los bosques.

Herbarios [i7]

Glosario

Diagnóstico remoto
Examen y evaluación a distancia de problemas o enfermedades mediante medios de comunicación digital, sin necesidad de estar físicamente presente.

dicotómico
Un sistema de identificación con dos características o propiedades mutuamente excluyentes, entre las cuales se debe elegir.

Flora
Conjunto de todas las especies de plantas de un área o época geológica determinada. El término proviene de la diosa romana de las flores y la primavera.

Herbario
Una colección científica de plantas conservadas, que son prensadas, secadas y montadas en papel. Sirve como colección de referencia para estudios botánicos.

1. 3. 2. Toma y análisis de muestras

La correcta toma y análisis de muestras es un componente fundamental de la investigación y práctica dendrológica. Especialmente, la obtención de muestras de núcleos permite obtener profundas percepciones sobre la historia de desarrollo y la salud de un árbol [s40]. En la toma de muestras, se debe tener el máximo cuidado para no dañar el árbol y, al mismo tiempo, obtener material significativo. Para la obtención de núcleos se utiliza un taladro de crecimiento especial que extrae una delgada tira de madera del tronco. La altura óptima para la toma de muestras es de aproximadamente 1,30 metros sobre el suelo, conocida como altura del pecho. El taladro debe ser colocado en un ángulo recto con respecto al eje del tronco [s40]. Después de la extracción, el lugar del taladro se sella con tapones especiales para prevenir la entrada de patógenos. Los núcleos obtenidos revelan, a través de sus anillos anuales, información importante sobre las condiciones de crecimiento y las influencias climáticas. Los anillos de madera temprana más claros se forman en primavera y principios del verano, mientras que los anillos de madera tardía más oscuros se desarrollan en el final del verano y otoño [s40]. Para un análisis preciso, las muestras se lijan primero y luego se evalúan bajo el microscopio o con escáneres especiales. En el inventario de áreas forestales completas se utilizan procedimientos de muestreo sistemáticos [s41]. Por ejemplo, se establecen parcelas de prueba a intervalos regulares, donde se registran diferentes parámetros como circunferencia del tronco, altura y estado de salud. Un método probado es la creación de círculos de prueba con un radio definido, típicamente entre 6 y 13 metros. Para la documentación y análisis de características de hojas y cortezas, se ha demostrado que un enfoque estructurado es eficaz [s42]. Se registran y documentan fotográficamente características como la forma de la hoja, el borde y la nervadura de manera sistemática. En el análisis de la corteza, se registran aspectos como la estructura, el color y posibles particularidades como grietas en la corteza o lentizellen. Las muestras y datos obtenidos deben ser etiquetados y archivados cuidadosamente [s43]. Cada muestra recibe un número de identificación único, y toda la información relevante como la fecha de recolección, ubicación (coordenadas GPS), especie de árbol y particularidades se registra en una base de datos. En el trabajo en equipo, una clara distribución de tareas y documentación estandarizada es especialmente importante. Los métodos de análisis modernos también permiten la investigación detallada de la estructura y composición de la madera [s41]. A través del uso de densitómetros, se puede determinar la densidad de la madera, lo que permite inferencias sobre las propiedades mecánicas y la edad de la madera. Los métodos espectroscópicos proporcionan información sobre la composición química y pueden ofrecer indicios sobre contaminaciones ambientales o enfermedades. Los datos obtenidos se integran en modelos científicos que se utilizan, por ejemplo, para la elaboración de tablas de rendimiento o para la previsión de desarrollos forestales [s41]. En este contexto, la calidad de la toma de muestras y el análisis es decisiva para la fiabilidad de los conocimientos y recomendaciones de acción derivados de ellos.

Anillos anuales [i8]

Glosario

Densitómetro

Un dispositivo de medición preciso para determinar la densidad óptica de materiales, que se utiliza especialmente en la investigación de la madera para analizar estructuras de anillos anuales y patrones de crecimiento.

1. 3. 3. Técnicas de documentación

La documentación sistemática en la dendrología requiere métodos precisos y procedimientos estandarizados para recopilar datos confiables y comparables. Se emplean diversas técnicas, que se seleccionan según el objetivo y el alcance de la investigación. Para la recopilación de parámetros básicos de los árboles, se han establecido procedimientos de medición estandarizados. El diámetro a la altura del pecho (DAP) se determina a 1,3 metros de altura con una cinta métrica de diámetro [s44]. Para la medición de la altura, se utiliza un clinómetro, que permite una determinación precisa mediante principios trigonométricos. Para mediciones significativas, el punto de observación debe elegirse a una distancia correspondiente a la altura del árbol.

La documentación de los datos de inventario se realiza hoy en día principalmente de forma digital, utilizando dispositivos de captura móviles con función GPS. Se registran sistemáticamente los siguientes parámetros:

- Coordenadas del sitio
- Especie de árbol y edad
- DAP y altura
- Estado de la copa y vitalidad
- Características especiales o daños

Para el monitoreo de la salud del bosque, son esenciales formularios de recolección estandarizados [s45]. Estos contienen listas de verificación detalladas para la recopilación de:

- Infestaciones de insectos y síntomas de enfermedades
- Desfoliación de la copa y amarillamiento
- Daños en la corteza y anomalías de crecimiento
- Parámetros del suelo y formas de humus

Al establecer áreas de observación permanente, se ha demostrado que un diseño de muestreo sistemático es eficaz [s46]. Se crean áreas de muestreo en una cuadrícula regular, típicamente a intervalos de 100-500 metros. Las áreas se marcan de forma permanente y se vuelven a medir a intervalos regulares.

Para el cálculo del volumen de árboles individuales, se combinan diversos parámetros [s44]. La fórmula considera:
- Diámetro a la altura del pecho
- Altura del árbol
- Forma (dependiente de la especie de árbol y la forma de crecimiento)

La documentación de la calidad del sitio se realiza a través del índice de sitio, que caracteriza el potencial de crecimiento de un sitio [s44]. Se consideran los siguientes factores:
- Tipo y calidad del suelo
- Suministro de agua
- Exposición y forma del terreno
- Condiciones climáticas

Para asegurar la calidad de los datos recopilados, es esencial la capacitación regular del personal de recolección [s45]. Se transmiten los siguientes aspectos:
- Uso correcto de los instrumentos de medición
- Métodos de recolección estandarizados
- Detección de enfermedades y plagas
- Normas de documentación

Los datos recopilados deben archivarse cuidadosamente y prepararse para análisis posteriores. Los sistemas de bases de datos modernos permiten:
- Almacenamiento central de todos los datos de recolección
- Vinculación con sistemas GIS
- Comprobaciones automáticas de plausibilidad
- Opciones de evaluación flexibles

Para el monitoreo de ecosistemas forestales, se utilizan cada vez más datos de teledetección [s46]. Estos permiten:
- Capturas de inventario a gran escala
- Monitoreo de cambios
- Detección temprana de perturbaciones
- Capturas repetidas a bajo costo

La integración de diversas fuentes de datos y métodos permite un monitoreo integral del desarrollo forestal. Se combinan las capturas de campo tradicionales con modernas posibilidades tecnológicas para garantizar la mejor documentación y análisis posibles.

Glosario

Clinómetro
Un dispositivo óptico de medición de ángulos, que se utiliza especialmente en la silvicultura para determinar la altura de los árboles. Se basa en un péndulo o una burbuja y permite medir ángulos verticales.

Forma
Un factor matemático entre 0 y 1 que describe la desviación de la forma real del árbol de un cilindro. Cuanto más cerca esté el valor de 1, más macizo es el árbol.

Índice de sitio
Un número que evalúa el rendimiento de crecimiento de un sitio forestal, que generalmente indica la altura máxima alcanzable de un inventario a una edad determinada.

Resumen - 1. 3. Métodos de identificación

- Las ayudas digitales para la identificación utilizan inteligencia artificial y software de reconocimiento visual para la determinación de especies mediante análisis fotográfico.
- Los modelos 3D en herbarios digitales se crean a partir de 100-300 imágenes individuales.
- Aplicaciones especiales permiten diagnósticos en tiempo real de enfermedades de los árboles por parte de expertos remotos.
- La altura óptima para la extracción de núcleos de perforación es de 1,30 metros (altura del pecho).
- Los círculos de muestreo para inventarios suelen tener radios entre 6-13 metros.
- Los densitómetros permiten inferencias sobre las propiedades mecánicas y la edad de la madera.
- Para mediciones de altura precisas, la distancia de medición debe corresponder aproximadamente a la altura del árbol.
- Las parcelas de observación a largo plazo se establecen en cuadrículas con distancias de 100-500 metros.
- El cálculo del volumen del árbol combina el diámetro a la altura del pecho, la altura y el coeficiente de forma específico de la especie.
- El índice de sitio considera la calidad del suelo, el suministro de agua, la exposición y los factores climáticos.
- Los datos de teledetección permiten inventarios a gran escala y la detección temprana de perturbaciones.

Revisión - 1. Fundamentos de Dendrología

- La clasificación taxonómica de los árboles se basa en relaciones evolutivas de parentesco y permite una comunicación científica precisa.
- Las gimnospermas y las angiospermas se diferencian fundamentalmente en su desarrollo de semillas y estrategia reproductiva.
- La dendrología moderna utiliza características morfológicas como la forma de las hojas, la estructura de la corteza y exudados especiales para la clasificación.
- Los árboles desarrollan raíces tablares y costillas en el tronco como importantes rasgos de identificación.
- El cambium produce continuamente nuevas células de xilema y floema para el crecimiento en grosor.
- La distribución de las especies arbóreas autóctonas sigue un claro gradiente altitudinal con comunidades forestales características.
- Las guías de identificación digitales revolucionan la determinación de árboles mediante sistemas de reconocimiento de imágenes basados en IA.
- Los modelos 3D en herbarios digitales permiten vistas detalladas de 360 grados de las estructuras vegetales.
- Las muestras de núcleos de perforación proporcionan información sobre las condiciones de crecimiento y las influencias climáticas a través de los anillos de crecimiento.
- Los densitómetros permiten análisis precisos de la densidad de la madera y las propiedades mecánicas.
- Los métodos de recolección estandarizados combinan registros de campo tradicionales con datos modernos de teledetección.
- El clinómetro permite mediciones de altura de árboles con precisión trigonométrica.
- Después de esta visión general de los fundamentos de la dendrología, surge la emocionante pregunta de cómo se

aplican estos conocimientos científicos en la crianza y propagación práctica de árboles.

2. 0. 0. Vivero y cultivo

El cultivo y cuidado de jóvenes árboles es un arte que requiere conocimientos especializados, paciencia y una profunda comprensión de los procesos biológicos. ¿Cómo se desarrolla una diminuta semilla hasta convertirse en un majestuoso árbol? ¿Qué factores influyen en el crecimiento temprano y cómo podemos crear condiciones óptimas? El vivero es mucho más que un simple lugar de reproducción; es un sistema complejo de pasos de trabajo interrelacionados. Desde la selección de semillas hasta la germinación y la injertación, numerosos parámetros deben ser controlados con precisión. No solo juegan un papel los factores evidentes como el agua, la luz y los nutrientes, sino también aspectos más sutiles como el microclima, la biología del suelo y la idoneidad genética. El exitoso cultivo de árboles requiere tanto conocimientos teóricos como experiencia práctica. Mientras que la ciencia nos proporciona las bases de la fisiología vegetal y la genética, la práctica de la jardinería nos enseña las sutiles diferencias entre las diversas especies y sus necesidades específicas. Los siguientes capítulos ofrecen una visión detallada de los diferentes aspectos del cultivo de árboles, desde métodos tradicionales hasta tecnologías modernas. Sumérjase en el fascinante mundo de los viveros y descubra cómo de pequeños comienzos surgen grandes árboles.

2. 1. 0. Métodos de propagación

La multiplicación de arbustos presenta a jardineros y silvicultores diversos desafíos: ¿Cómo se puede superar la inhibición natural de la germinación de las semillas? ¿Qué papel juegan las hormonas en el enraizamiento de los esquejes? ¿Y cómo se logra la conexión duradera de diferentes partes de las plantas en el injerto? La elección del método de multiplicación adecuado depende de varios factores. Además de las características biológicas de cada especie, también juegan un papel importante consideraciones económicas y el tiempo disponible. Mientras que la siembra suele ser económica pero lleva más tiempo, los métodos vegetativos como los esquejes o los injertos permiten una multiplicación más rápida de plantas genéticamente idénticas. Decisivo para el éxito de todos los métodos de multiplicación es un control preciso de las condiciones ambientales, especialmente del suministro de agua. Las técnicas modernas y décadas de experiencia permiten hoy tasas de multiplicación que hace apenas unas generaciones eran impensables. Los siguientes apartados iluminan los métodos de multiplicación más importantes en detalle y ofrecen consejos prácticos para su aplicación exitosa.

> *„La estratificación es un método comprobado para superar la inhibición de la germinación en semillas leñosas, en el que las semillas se exponen a un período de frío de 2° a 5°C durante 110 a 130 días.“*

2. 1. 1. Siembra y germinación

La siembra y germinación de arbustos es un proceso fascinante y complejo que requiere atención y conocimientos especiales. Uno de los mayores desafíos en el cultivo de árboles y arbustos a partir de semillas es superar la inhibición natural de la germinación, que es causada principalmente por una cáscara de semilla impermeable [s47]. Para obtener resultados óptimos de germinación, se deben aplicar varios métodos de pretratamiento. Un método comprobado es la estratificación, en la que las semillas se exponen a un período de frío de 2° a 5°C durante 110 a 130 días. Después de este tratamiento, se puede esperar una tasa de germinación del 20 al 30 por ciento [s47]. En la práctica, esto significa que las semillas pueden almacenarse, por ejemplo, en arena húmeda o turba en un refrigerador. El sustrato debe controlarse regularmente para asegurar una humedad adecuada. Una alternativa a la estratificación artificial es la siembra directa en otoño, preferiblemente entre septiembre y octubre [s48]. Este método aprovecha las condiciones climáticas naturales para superar la latencia de la germinación. Antes de la siembra, se recomienda remojar las semillas durante la noche y tratarlas con un fungicida para prevenir la infestación por hongos. La siembra se realiza en hileras con una distancia de aproximadamente 13-15 cm [s48]. El metabolismo de las semillas juega un papel crucial en la germinación. Los mecanismos fisiológicos y bioquímicos están involucrados en la ruptura de la fase de latencia, siendo la actividad de las enzimas respiratorias especialmente importante [s49]. Para hacer la cáscara de la semilla más permeable, se pueden utilizar ácidos orgánicos que digieren el pericarpo [s47]. En la práctica de jardinería, esto a menudo se logra remojando las semillas en ácido acético diluido o mediante escarificación mecánica. Para un establecimiento exitoso de las plántulas, la elección del sitio es crucial. Mientras que una ligera sombra favorece la supervivencia inicial, una sombra excesiva puede inhibir el crecimiento posterior [s47]. Las plántulas desarrollan inicialmente una raíz pivotante, que luego se complementa con raíces laterales. Las mejores condiciones de crecimiento se dan en suelos húmedos, ricos en nutrientes y bien drenados [s48]. Un aspecto práctico importante es el almacenamiento de plántulas cosechadas en otoño. Un almacenamiento fresco mantiene la capacidad de crecimiento de las raíces y la vitalidad general para la siembra en primavera [s47].

Las plántulas deben almacenarse en un lugar fresco, pero libre de heladas, con humedad constante. El almacenamiento a largo plazo y la crioconservación de semillas [s49] están ganando cada vez más importancia, especialmente en lo que respecta a la conservación de recursos genéticos. Estos métodos permiten mantener la viabilidad de las semillas durante años o incluso décadas. El control de las condiciones de almacenamiento, especialmente la temperatura y la humedad, es de suma importancia. Un método innovador para superar las inhibiciones de germinación es la cosecha temprana de las semillas seguida de una siembra inmediata [s47]. Esta técnica aprovecha el hecho de que la inhibición de la germinación se desarrolla completamente solo durante la maduración de la semilla. En la práctica, esto significa que las semillas se cosechan tan pronto como alcanzan su tamaño completo, pero aún no están completamente maduras.

Crioconservación

Un método de conservación a muy bajas temperaturas (generalmente en nitrógeno líquido a -196°C) que preserva el material biológico durante períodos de tiempo muy largos.

Estratificación

Un tratamiento natural o artificial de semillas mediante frío y humedad, que imita las condiciones invernales. Este método se utiliza especialmente para semillas que requieren un período de latencia invernal.

Fungicida

Un medio químico o biológico para combatir hongos y sus esporas. Se utiliza en la agricultura como medida preventiva o en caso de infestación aguda.

Metabolismo de las semillas

La totalidad de los procesos metabólicos en la semilla que son responsables de la activación de la germinación y el crecimiento temprano de la planta.

Pericarpo

La pared del fruto que se desarrolla a partir de la pared del ovario y rodea la o las semillas. Puede ser carnoso, coriáceo o leñoso.

2. 1. 2. Propagación por esquejes

La propagación por esquejes es uno de los métodos más importantes de reproducción vegetativa de arbustos y permite la reproducción genéticamente idéntica de características valiosas de las plantas [s50]. Este tipo de reproducción es especialmente eficiente para la conservación de variantes naturales únicas y la reproducción clonal de características deseadas [s51]. En la práctica, se distingue entre esquejes de verano e invierno, siendo ambas variantes con sus ventajas y desventajas específicas [s52]. Los esquejes de verano se cortan durante el período de vegetación y generalmente enraizan más rápido. El momento óptimo suele ser a mediados de la primavera, donde se pueden alcanzar tasas de éxito de hasta el 95% [s50]. Para obtener los mejores resultados, los esquejes deben cortarse a primera hora de la mañana, cuando las plantas aún están completamente turgentes. La formación de raíces puede ser promovida por diversas medidas. Un papel central lo juega el tratamiento con auxinas, que estimulan la formación de raíces adventicias [s50]. En la práctica, se utilizan hormonas de enraizamiento comerciales, que están disponibles en forma de polvo o líquido. Los esquejes tratados a menudo desarrollan más de 20 raíces adventicias en un período de dos a tres semanas [s50].

Una forma especial de propagación por esquejes es el método de acodo, donde el enraizamiento ocurre mientras el brote aún está conectado a la planta madre [s53]. Se distinguen diferentes técnicas:
- En el acodo simple, un brote flexible se dobla hacia el suelo y se cubre parcialmente con sustrato.
- El acodo de punta utiliza las puntas de los brotes actuales, que se insertan en el suelo.
- En el acodo serpenteante, un brote largo se ancla varias veces en el suelo.
- El acodo en montículo es especialmente adecuado para arbustos muy ramificados [s53].

Para el enraizamiento exitoso, la edad del material vegetal juega un papel importante. Los segmentos de tallo apicales más jóvenes generalmente enraizan más fácilmente y desarrollan sistemas radiculares de mayor calidad que los esquejes basales leñosos [s51].

Esto debe tenerse en cuenta al seleccionar el material de propagación. Los mecanismos moleculares de la formación de raíces adventicias son complejos y aún no se comprenden completamente [s54]. Sin embargo, se sabe que el equilibrio hormonal en los esquejes juega un papel decisivo [s55]. En especies difíciles de enraizar, un contenido hormonal demasiado bajo puede dificultar la formación de raíces [s55]. Una ventaja importante de la propagación por esquejes es su costo-eficiencia y relativa simplicidad [s50]. Sin embargo, la uniformidad genética de las plantas propagadas también conlleva riesgos, ya que pueden ser más susceptibles a enfermedades [s56]. En la práctica de jardinería, esto a menudo se compensa mediante la combinación de diferentes métodos de propagación. Para la ejecución práctica, se recomienda el siguiente procedimiento: 1. Selección de plantas madre sanas y vigorosas. 2. Corte de los esquejes a primera hora de la mañana. 3. Tratamiento inmediato con hormona de enraizamiento. 4. Inserción en un sustrato bien drenado y húmedo. 5. Colocación bajo condiciones controladas con alta humedad. La propagación por esquejes puede complementarse con diversos procesos naturales, como la formación de brotes o plantas hijas [s53]. Estas formas naturales de reproducción vegetativa pueden ser utilizadas de manera específica en programas de propagación.

Glosario

apical
Se refiere a la punta o el extremo superior de un órgano vegetal, en contraste con el extremo inferior (basal).

Auxina
Hormonas vegetales naturales que promueven el crecimiento por elongación y la división celular.

basal
Relativo a la parte inferior o la base de un órgano vegetal.

Raíz adventicia
Raíces adicionales que no se desarrollan de la raíz principal, sino que pueden surgir de otras partes de la planta, como tallos o hojas.

vegetativo
Forma de reproducción asexual en la que nuevas plantas surgen de partes de tejido de la planta madre.

turgente
Estado de una célula vegetal en el que está llena y tensa debido a la absorción de agua.

2. 1. 3. Técnicas de injerto

El injerto es un método exigente pero efectivo de reproducción vegetativa, en el que se conectan de forma permanente partes de plantas de diferentes individuos. En este proceso, se injerta un Edelreis o un brote en un portainjerto (tallo de raíz) [s57]. Esta técnica permite combinar las propiedades positivas de ambas plantas. Una de las condiciones más importantes para un injerto exitoso es la compatibilidad entre el Edelreis y el portainjerto. Especialmente en robles, pueden surgir problemas al combinar diferentes especies. En algunos casos, una incompatibilidad retrasada puede manifestarse después de años, lo que puede llevar a la pérdida del injerto [s57]. Por lo tanto, la cuidadosa selección de plantas asociadas compatibles es esencial. El injerto por yema (Okulieren) se ha establecido como un método particularmente exitoso. Los viveros comerciales utilizan esta técnica con altas tasas de éxito, especialmente en el arce azucarero [s58]. Se deben preferir yemas de posiciones terminales principales o laterales cuando se desea un crecimiento vertical temprano [s59]. La ejecución práctica se realiza idealmente durante el período de vegetación, cuando la corteza se desprende fácilmente. Existen varias técnicas adecuadas para el injerto: 1. Copolación: Aquí, el Edelreis y el portainjerto se cortan en ángulo y se conectan con el mismo diámetro. 2. Injerto de pie de cabra: Adecuado para portainjertos más robustos. 3. Injerto de corteza: Se realiza en primavera cuando la corteza se desprende bien. 4. Chip-Budding: Una variante moderna del injerto por yema. El sitio de injerto debe cerrarse cuidadosamente con cera o cinta de injerto para prevenir la deshidratación y fomentar la unión. El momento óptimo para el injerto varía según el método y la especie de planta. Mientras que el injerto por yema se realiza típicamente a finales del verano, otras técnicas suelen llevarse a cabo a principios de primavera.

Un aspecto práctico importante es el cuidado posterior de los injertos. En las primeras semanas después del injerto, se deben realizar controles regulares. Se debe prestar especial atención a los siguientes puntos:

- Firmeza de la unión
- Desarrollo de los brotes
- Eliminación de brotes silvestres por debajo del sitio de injerto
- Suficiente riego

La técnica de injerto ofrece varias ventajas sobre otros métodos de reproducción. Permite la combinación de propiedades deseadas, como la resistencia al frío del portainjerto con características especiales del Edelreis [s60]. Sin embargo, se debe sopesar el esfuerzo adicional en comparación con el beneficio. Al seleccionar el momento del injerto, las condiciones climáticas juegan un papel importante. La temperatura debe mantenerse estable por encima del punto de congelación, y una alta humedad del aire favorece el enraizamiento. En la práctica, se ha demostrado que es beneficioso realizar los injertos en espacios protegidos o bajo plástico. La técnica moderna de injerto se beneficia de nuevos desarrollos, como cintas de injerto especiales con elasticidad y permeabilidad al agua optimizadas. También se ha comprobado que el uso de emulsiones de cera en lugar de cera de algodón tradicional es efectivo en muchos casos [s61]. Para el éxito a largo plazo del injerto, el cuidado adecuado en los primeros años es crucial. Esto incluye la eliminación oportuna de la cinta de injerto antes de que se integre, así como el control y, si es necesario, la corrección de la dirección de crecimiento. En algunas especies, como el arce azucarero, pueden ser necesarias medidas de cuidado especiales para mejorar la tasa de supervivencia [s58].

Glosario

Chip-Budding

Una técnica de injerto en la que se corta un trozo de corteza leñosa con un brote del Edelreis y se inserta en una cavidad adecuada del portainjerto.

Copolación

Una de las técnicas de injerto más antiguas, que ya era conocida en la antigua Roma y se utilizaba especialmente en vides.

Edelreis

Un brote joven o rama de una variedad cultivada que se utiliza para el injerto y que lleva las características deseadas de la planta madre.

Injerto de pie de cabra

Una técnica de injerto que recibe su nombre de la forma característica del corte, que recuerda a un pie de cabra.

Okulieren

Una técnica de injerto precisa en la que se inserta un solo brote latente debajo de la corteza del portainjerto.

2. 1. 4. Sistemas de riego

El riego adecuado es un factor decisivo para el éxito en el cultivo y la propagación de árboles. Especialmente en la fase crítica de la germinación y el desarrollo temprano de las plántulas, el suministro de agua debe ser controlado con precisión para garantizar condiciones óptimas de crecimiento [s62]. En viveros profesionales y empresas de propagación se utilizan diferentes sistemas de riego, que varían según el tamaño de la instalación y los requisitos específicos de los cultivos. Para invernaderos más pequeños, el riego manual con dispositivos de ducha ha demostrado ser eficaz, alimentados por tanques de agua en la parte superior del invernadero [s62]. Este método permite un suministro de agua dirigido y ajustado a las necesidades, donde los jardineros pueden controlar directamente la cantidad y distribución del agua. Los sistemas de riego automatizados modernos ofrecen la ventaja de una distribución de agua controlada por tiempo y uniforme. En este sentido, los microaspersores y los sistemas de riego por goteo han demostrado ser especialmente efectivos. Estos sistemas permiten un riego que ahorra agua y preciso directamente en la base de las plantas. En la práctica, el riego debe realizarse preferentemente en las primeras horas de la mañana para minimizar las pérdidas por evaporación y prevenir enfermedades fúngicas. La humedad del suelo juega un papel central en la germinación y el enraizamiento de los esquejes. Una relación equilibrada entre agua y aire en el sustrato es esencial para el desarrollo de las raíces. Demasiada agua puede provocar falta de oxígeno y putrefacción, mientras que muy poca agua puede inhibir el crecimiento o llevar a la

Sistemas de riego [i9]

Microaspersor [i10]

muerte de las plantas. Para el control del riego, se han utilizado sensores de humedad que miden continuamente el contenido de agua en el sustrato. Estos pueden ser acoplados a sistemas de riego automáticos para asegurar un suministro de agua ajustado a las necesidades. En la práctica, la humedad del suelo también debe ser controlada manualmente de manera regular, ya que los sistemas técnicos pueden fallar.

Al planificar un sistema de riego, se deben considerar varios factores:
- Necesidades hídricas de los diferentes cultivos
- Composición del sustrato y capacidad de retención de agua
- Condiciones climáticas en el invernadero
- Tamaño de la instalación
- Recursos hídricos disponibles
- Rentabilidad

Un aspecto importante también es la calidad del agua. Especialmente en la propagación de árboles sensibles, la calidad del agua debe ser revisada regularmente. Contenidos de sal demasiado altos o valores de pH inadecuados pueden afectar el desarrollo de las plantas. En muchos casos, la instalación de una planta de tratamiento de agua es recomendable. La técnica de riego también debe adaptarse a las diferentes etapas de desarrollo de las plantas. Durante la fase de germinación, una humedad del sustrato uniforme es especialmente importante, mientras que las plantas establecidas pueden tolerar períodos de sequía. Un control flexible del riego permite responder a diferentes necesidades y condiciones ambientales cambiantes.

Para una gestión sostenible, también se deben considerar opciones para el ahorro y reutilización del agua. Esto incluye:
- Captación y uso de agua de lluvia
- Sistemas de circuito cerrado con tratamiento de agua
- Riego programado
- Uso de boquillas que ahorran agua
- Sistemas de acolchado para reducir la evaporación

El mantenimiento y control regular de los sistemas de riego es esencial para un funcionamiento sin interrupciones. Boquillas obstruidas, tuberías con fugas o controles defectuosos pueden rápidamente causar problemas en el desarrollo de las plantas. Por lo tanto, un plan de mantenimiento debe ser una parte integral de las operaciones.

Resumen - 2. 1. Métodos de propagación

- Stratificación a 2-5°C durante 110-130 días alcanza tasas de germinación del 20-30 por ciento
- La siembra directa en otoño aprovecha las condiciones climáticas naturales para superar la dormancia de las semillas
- Los ácidos orgánicos pueden digerir el pericarpo de la fruta y hacer que la cáscara de la semilla sea más permeable
- La crioconservación permite la viabilidad de las semillas durante décadas
- Los esquejes de verano alcanzan tasas de éxito de hasta el 95% a mediados de la primavera
- El tratamiento con auxinas conduce a la formación de más de 20 raíces adventicias en 2-3 semanas
- Los segmentos de tallo apical más jóvenes enraízan mejor que los esquejes basales leñosos
- La incompatibilidad retardada en injertos de roble a menudo se manifiesta solo después de años
- El injerto en chip es una variante moderna del injerto clásico
- El arce azucarero muestra tasas de éxito especialmente altas en el injerto de yemas
- Los microaspersores y el riego por goteo permiten un suministro de agua preciso directamente en la base de la planta
- Los sensores de humedad pueden conectarse a sistemas de riego automáticos

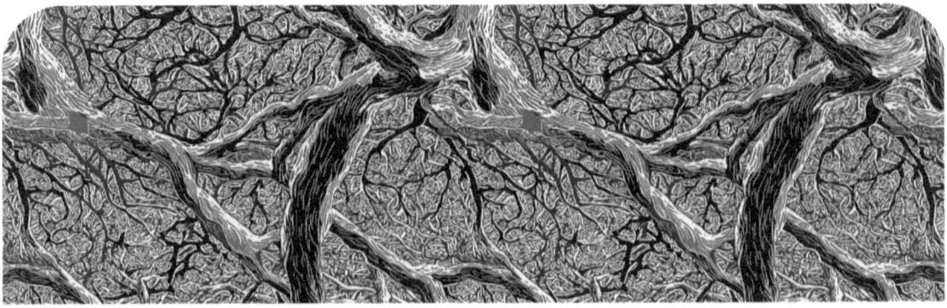

2. 2. 0. Plantación y selección del sitio

La exitosa plantación y establecimiento de árboles requiere mucho más que simplemente cavar un hoyo de plantación. ¿Cómo se puede determinar el sitio óptimo para un árbol? ¿Qué papel juegan la calidad del suelo, las condiciones de luz y las condiciones microclimáticas? ¿Y qué distancias deben mantenerse respecto a otros árboles, edificios o instalaciones de servicios? La complejidad de estas preguntas demuestra que una planificación fundamentada es indispensable. Es necesario considerar tanto las condiciones actuales del sitio como los desarrollos futuros. Las interacciones entre el suelo, el clima y la vegetación existente determinan en gran medida si un árbol puede desarrollarse con éxito a largo plazo. Un enfoque sistemático en la plantación y elección del sitio es la clave del éxito: determina la vitalidad y la vida útil del árbol en las próximas décadas.

> *„Para la mayoría de los árboles frutales, el pH óptimo del suelo se encuentra entre 6,0 y 6,5.“*

2. 2. 1. Preparación del suelo

La cuidadosa preparación del suelo es uno de los factores más importantes para el crecimiento exitoso de plantas y árboles. Incluye el análisis y la mejora exhaustiva de las propiedades físicas, químicas y biológicas del suelo [s63]. Un enfoque profesional idealmente comienza un año antes de la plantación real [s64]. El primer paso consiste en una evaluación completa del suelo [s65]. Para ello, se debe analizar una muestra de suelo en un laboratorio certificado para obtener información sobre el tipo de suelo, valor de pH y contenido de nutrientes [s64]. Al tomar la muestra de suelo, se recomienda extraer muestras de 15-20 cm de profundidad en diferentes lugares de la propiedad y combinarlas en una muestra compuesta. El valor de pH es especialmente importante; para la mayoría de los árboles frutales, por ejemplo, el rango óptimo se sitúa entre 6,0 y 6,5 [s66]. La drenaje del suelo juega un papel central [s66]. Es fundamental evitar el agua estancada, ya que puede provocar la pudrición de raíces y troncos. Una prueba práctica: después de una fuerte lluvia, no deben quedar charcos durante más de 24 horas. En caso de problemas de drenaje, hay dos opciones: mejorar el drenaje mediante medidas técnicas como tuberías de drenaje y capas de grava, o elegir plantas que se adapten a suelos húmedos [s67]. El laboreo mecánico del suelo es otro aspecto importante. En suelos pesados, se recomienda arar en profundidad hasta 45-90 cm (3-6 pies) [s65]. En suelos arcillosos, se debe cultivar además un abono verde, que se incorpora antes de la plantación [s68]. Un método probado es el "doble arado": se retira la capa superior del suelo, se afloja la capa inferior y luego se mezcla la capa superior con material orgánico y se vuelve a colocar [s67]. La mejora de la estructura del suelo se realiza principalmente mediante la incorporación de materia orgánica. Se debe incorporar una capa de 5-7,5 cm (2-3 pulgadas) de compost al menos un mes antes de la plantación [s64]. Esto no solo mejora la retención de agua y la aireación, sino que también fomenta la vida del suelo. Al plantar, el agujero de plantación debe ser al menos el doble de ancho que el cepellón [s67]. La preparación de los sitios de huertos merece una atención especial. Aquí, la corrección del valor de pH es una de las medidas más efectivas [s66]. La aplicación de cal en suelos demasiado ácidos debe realizarse ya en el año anterior, para que se distribuya bien en el suelo. También es fundamental asegurar un suministro adecuado de nutrientes; el fósforo y el potasio deben estar presentes en cantidades suficientes antes de la plantación, ya que se desplazan lentamente en el suelo. Después de la plantación, el acolchado es una medida importante para mantener la calidad del suelo. Una capa de acolchado de 5-10 cm de material orgánico, como corteza o astillas de madera, suprime las malas hierbas, retiene la humedad en el suelo y previene la erosión [s67]. Sin embargo, el acolchado no debe colocarse directamente alrededor del tronco para evitar la pudrición. Al elegir el sitio, también se deben considerar las condiciones microclimáticas. Evite los agujeros de helada y las pendientes demasiado pronunciadas [s64]. También tenga en cuenta la influencia de la vegetación existente; algunos árboles producen sustancias que inhiben el crecimiento [s64]. Conocer los requisitos culturales de las especies a plantar es esencial [s63].

Evaluación del suelo [i11]

Glosario

Abono verde

Cultivo de plantas de rápido crecimiento que se incorporan al suelo antes de la floración para mejorar la estructura del suelo y enriquecer los nutrientes.

Drenaje

Sistema para la eliminación controlada de agua excesiva del suelo, que se realiza a través de canales naturales o artificiales y sistemas de tuberías.

Microclima

Condiciones climáticas en un área espacialmente limitada que pueden diferir de las condiciones climáticas generales de la región.

Valor de pH

Una medida de la concentración de iones de hidrógeno en una solución, que se indica en una escala de 0 a 14. Las soluciones neutras tienen un valor de 7; por debajo son ácidas y por encima básicas.

2. 2. 2. Distancias de plantación

La elección de las distancias de plantación adecuadas es un factor decisivo para el desarrollo a largo plazo de árboles y arbustos. Se deben considerar diversos aspectos, como el tamaño final de los árboles, la calidad del sitio y las condiciones ambientales específicas [s69]. Para la plantación cerca de edificios, existen distancias mínimas claras: los árboles pequeños requieren al menos 3 metros, los árboles medianos 4,5 metros y los árboles grandes deben plantarse a una distancia mínima de 6 metros del edificio [s70]. Estas distancias no son elegidas al azar, sino que tienen en cuenta el crecimiento futuro de las raíces y los posibles daños a la estructura del edificio. Por lo tanto, al planificar una nueva plantación, siempre se debe tener en cuenta el tamaño final del árbol maduro. Se debe tener especial cuidado al plantar cerca de instalaciones de servicios. En el caso de las líneas eléctricas, la regla general es: los árboles de bajo crecimiento pueden acercarse hasta 1,5 metros a las líneas, mientras que los árboles de copa grande deben mantener una distancia mínima de 7,5 metros [s70]. En la práctica, se recomienda contactar a las empresas de servicios locales antes de cada plantación y obtener información sobre las líneas subterráneas. La calidad del sitio juega un papel importante en la determinación de las distancias de plantación. En sitios de mejor calidad, se pueden elegir distancias más cercanas, ya que hay más recursos disponibles para el crecimiento [s69]. Un ejemplo práctico: mientras que en un suelo rico en nutrientes y bien abastecido de agua se pueden plantar árboles frutales en filas con una distancia de 6 metros, en suelos pobres la distancia debe aumentarse a 8-10 metros. En las plantaciones de enriquecimiento, que tienen como objetivo aumentar la proporción de ciertas especies de árboles, la distancia entre las plántulas debe ser cuidadosamente planificada [s71]. El tamaño del grupo debe ser de al menos una a dos alturas de árbol para garantizar condiciones óptimas de luz para las plántulas. Un enfoque probado es plantar primero pequeños grupos de 3-5 árboles con distancias más cercanas (2-3 metros) y posicionar estos grupos con distancias más grandes (8-10 metros) entre sí. La competencia por luz, agua y nutrientes debe ser considerada al planificar las distancias de plantación [s72]. Especialmente para especies que requieren mucha luz, como los pinos, es importante mantener suficiente distancia de la vegetación existente. Un método probado es el "Scalping", en el que se retira el césped en un radio de aproximadamente 76 cm alrededor del lugar de plantación [s72]. Esto reduce la competencia en la fase crítica de establecimiento. Las medidas de aclarado posteriores deben ser consideradas ya en la planificación inicial de la plantación. Distancias de plantación más cercanas en la fase juvenil pueden llevar a volúmenes totales más altos, pero requieren aclarados regulares para ofrecer a los árboles restantes condiciones óptimas de crecimiento [s69]. Un consejo práctico: marque ya en la plantación los "árboles del futuro" potenciales que deben mantenerse a largo plazo. La seguridad vial y la infraestructura pública también deben ser consideradas. Los árboles no deben plantarse demasiado cerca de esquinas de calles o señales de tráfico [s70]. Como regla general, la distancia a las señales de tráfico debe ser al menos 1,5 veces el diámetro esperado de la copa, para garantizar la visibilidad de manera duradera.

Entresaca [i12]

Glosario

Scalping

Una técnica de cuidado en jardinería, donde se retira la capa superior del suelo en forma circular alrededor de una planta para minimizar la competencia de raíces. Se aplica especialmente en nuevas plantaciones en áreas con un fuerte crecimiento de hierba.

2. 2. 3. Análisis del sitio

Un análisis profesional del sitio es fundamental para el establecimiento exitoso de árboles y arbustos. No solo considera los factores ambientales obvios, sino también las sutilezas de las interacciones ecológicas y los desarrollos futuros del sitio [s73]. El análisis comienza con la evaluación de las condiciones topográficas. Las diferencias de altura juegan un papel central, ya que influyen directamente en el balance hídrico y en el microclima [s74]. En la práctica, se recomienda crear un perfil de altura detallado de la propiedad. Especialmente en terrenos inclinados, se deben verificar la estabilidad y el drenaje de los posibles lugares de plantación. Un consejo práctico: marque las áreas donde el agua se acumula o fluye intensamente después de fuertes lluvias. Las condiciones de luz son otro factor clave. Los estudios han demostrado que el entorno luminoso no solo influye en el crecimiento directo, sino que también permite inferencias sobre las condiciones subterráneas [s75]. En el análisis, se debe documentar el patrón diario y anual de la sombra. Para ello, se puede utilizar el "método de proyección de sombra": marque los límites de sombra de las estructuras existentes en diferentes momentos del día y elabore un mapa de sombras. La estructura de la vegetación circundante proporciona indicios importantes sobre la calidad del sitio. Se deben considerar especialmente la distancia a los árboles establecidos, la capa herbácea y la densidad general de la vegetación [s76]. Un enfoque probado es crear perfiles de vegetación en diferentes direcciones desde el lugar de plantación planificado. Documente también el material vegetal muerto, ya que influye en las propiedades del suelo y en el microclima. En áreas urbanas, se deben considerar factores adicionales. El análisis debe incluir la disponibilidad de áreas de plantación, la proximidad a corredores verdes existentes y aspectos socioeconómicos [s77]. Recomendación práctica: elabore un mapa con "puntos de conflicto" como tuberías subterráneas, superficies impermeables y áreas de alta frecuencia. Los análisis de sitio orientados al futuro también consideran la adaptación al cambio climático. La adaptabilidad de las especies de árboles elegidas debe alinearse con los cambios climáticos pronosticados [s73]. Una herramienta práctica es la "matriz de idoneidad climática": elabore un resumen de los factores climáticos típicos del sitio y sus cambios esperados para seleccionar especies adecuadas. La calidad del hábitat juega un papel especial en el análisis del sitio. La composición de la vegetación circundante, tanto de especies nativas como no nativas, influye en la funcionalidad ecológica del sitio [s78]. En la práctica, se recomienda mapear las estructuras de hábitat existentes e identificar nichos ecológicos potenciales. Un aspecto a menudo pasado por alto es el potencial de migración del sitio. La conectividad con otras áreas verdes y la posibilidad de dispersión natural deben incluirse en el análisis [s73]. Elabore un "mapa de conectividad" que represente los corredores de dispersión potenciales y las barreras. El análisis del sitio también debe considerar indicios ambientales indirectos. Los organismos presentes pueden ser indicadores valiosos de la calidad del sitio [s75]. Observe, por ejemplo, el comportamiento de las aves y otros animales para inferir la idoneidad del hábitat.

Glosario

Calidad del hábitat
Evaluación de la idoneidad del hábitat para los organismos, basada en factores como la disponibilidad de alimento, estructuras de refugio y oportunidades de reproducción. Decisivo para la biodiversidad de un sitio.

Microclima
Describe el clima en el espacio aéreo cercano al suelo hasta aproximadamente 2 metros de altura, que puede diferir significativamente del clima general de la región. Se ve fuertemente influenciado por factores locales como la construcción, la vegetación y la forma del terreno.

Potencial de migración
Se refiere a la posibilidad de que las especies se muevan y se dispersen entre diferentes hábitats. Importante para el intercambio genético y la adaptación a las condiciones ambientales cambiantes.

Resumen - 2. 2. Plantación y selección del sitio

- La preparación del suelo debe comenzar al menos un año antes de la plantación.
- El pH óptimo para los árboles frutales se sitúa entre 6,0 y 6,5.
- Se recomienda un arado profundo de hasta 90 cm en suelos pesados.
- El método de "doble zanja" separa la capa superior e inferior del suelo para una mejora específica.
- Una capa de compost de 5-7,5 cm de grosor debe incorporarse al menos un mes antes de la plantación.
- Los árboles grandes requieren una distancia mínima de 6 metros de los edificios.
- En el caso de las líneas eléctricas, los árboles de copa grande deben mantener una distancia de 7,5 metros.
- Las plantaciones en grupo deben tener al menos una o dos alturas de árbol de tamaño.
- El "scalping" elimina el césped en un radio de 76 cm alrededor del lugar de plantación.
- La distancia a las señales de tráfico debe ser 1,5 veces el diámetro esperado de la copa.
- El método de sombra documenta los patrones de sombra para una elección óptima del sitio.
- Los perfiles de vegetación en diferentes direcciones muestran la calidad del sitio.
- Una matriz de idoneidad climática ayuda en la selección de especies orientada al futuro.
- El potencial de migración determina las posibilidades de conexión con otras áreas verdes.

2. 3. 0. Cuidado de árboles jóvenes

El cuidado de los jóvenes árboles presenta a los profesionales diversos desafíos: ¿Cómo se puede asegurar un suministro óptimo de nutrientes en la fase crítica de crecimiento? ¿Qué medidas de poda son necesarias para desarrollar una estructura de copa saludable? ¿Y cómo se pueden proteger eficazmente los delicados árboles jóvenes de las influencias ambientales y de daños mecánicos? Los primeros años después de la plantación son decisivos para la vitalidad y el desarrollo a largo plazo de un árbol. El cuidado profesional de los árboles jóvenes abarca tres áreas centrales: conceptos de fertilización bien pensados, podas de formación adecuadas y medidas de protección efectivas. Estos aspectos deben coordinarse cuidadosamente para crear condiciones óptimas de crecimiento. El enfoque sistemático en el cuidado de los árboles jóvenes permite identificar problemas potenciales de manera temprana y contrarrestarlos mediante medidas específicas, una inversión que se traduce en beneficios a lo largo de toda la vida del árbol.

„El momento óptimo para las medidas de fertilización en árboles jóvenes es a finales del invierno o principios de la primavera, cuando los árboles están a punto de brotar."

2. 3. 1. Conceptos de fertilización

La fertilización adecuada es un componente central para el desarrollo exitoso de los árboles jóvenes y su vitalidad a largo plazo [s79]. Especialmente en la fase crítica de establecimiento después de la plantación, los árboles jóvenes requieren un suministro equilibrado de nutrientes para desarrollar un sistema radicular saludable y una copa vital. El momento óptimo para las medidas de fertilización es a finales del invierno o principios de la primavera, cuando los árboles están a punto de brotar. En esta fase, los nutrientes pueden ser absorbidos de manera óptima y utilizados para el crecimiento incipiente. La fertilización puede continuar hasta aproximadamente mediados de julio [s79]. Un consejo práctico para los cuidadores de árboles: marque estos períodos en su calendario al inicio del año para no perder ninguna fase de fertilización importante. En general, antes de cada medida de fertilización, se debe realizar un análisis de suelo profesional [s79]. Esto proporciona información sobre las necesidades reales de nutrientes y previene la sobre o subalimentación. Durante la toma de muestras, se deben muestrear varios puntos en el área de las raíces para obtener un resultado representativo. Las muestras se toman a diferentes profundidades (generalmente 0-30 cm y 30-60 cm). En la ejecución práctica de la fertilización, es esencial que el suelo esté suficientemente húmedo [s79]. Esto no solo mejora la absorción de nutrientes, sino que también reduce el riesgo de daños en las raíces debido a concentraciones de sal demasiado altas. Un consejo práctico comprobado es realizar la fertilización después de una lluvia abundante o regar bien el suelo previamente. Se debe tener especial cuidado al utilizar productos combinados que contengan, además de fertilizantes, herbicidas [s79]. Estos pueden causar daños significativos a los árboles o incluso llevar a su muerte. Especialmente en entornos urbanos, donde a menudo se realizan diversas medidas de cuidado de manera paralela, es esencial una coordinación precisa de los productos utilizados. Para un cuidado sostenible de los árboles, se recomienda desarrollar un concepto de fertilización a largo plazo que tenga en cuenta las condiciones específicas del sitio y las necesidades de cada especie de árbol. Esto es especialmente importante en proyectos de plantación más grandes, como la cultivación de varios miles de árboles de diferentes especies [s80]. Un concepto moderno de fertilización también debe incluir la integración de fertilizantes orgánicos y mejoradores del suelo. Estos no solo fomentan el suministro de nutrientes, sino que también mejoran la estructura del suelo y la vida del suelo. Un ejemplo práctico es la incorporación de compost o mantillo en el área de las raíces, lo que además mejora la capacidad de retención de agua del suelo. La fertilización siempre debe ser parte de un concepto de cuidado integral que también incluya otros aspectos como el manejo integrado de plagas y el cuidado general de los árboles [s80]. Solo a través de la combinación de diversas medidas de cuidado se puede garantizar un desarrollo óptimo de los árboles jóvenes. Para la implementación práctica, se recomienda llevar un registro de fertilización, en el que se documente el momento, tipo y cantidad de fertilización, así como particularidades. Esto permite una optimización continua del concepto de fertilización y ayuda a observar desarrollos a largo plazo.

Fertilización [i13]

Análisis del suelo [i14]

2. 3. 2. Corte de formación

El corte de formación es una medida de cuidado fundamental para los árboles jóvenes, que influye significativamente en su desarrollo futuro y longevidad [s81]. Esta medida preventiva tiene como objetivo establecer una estructura arbórea saludable desde temprano y evitar costosas correcciones posteriores [s82]. Un elemento central del corte de formación es el desarrollo de un tronco principal dominante, que debería representar aproximadamente la mitad de la altura futura del árbol [s83]. Esto se logra mediante cortes específicos en los brotes competidores. La regla general es: cuanto antes se intervenga, menores serán las intervenciones necesarias y mejor será el resultado. Esto significa concretamente que las correcciones deben realizarse cuando el diámetro del tronco aún esté por debajo de los 50 centímetros [s84]. Al llevar a cabo el corte de formación, se deben tener en cuenta varios principios básicos. En primer lugar, se debe controlar el tamaño de las ramas: ninguna rama debe desarrollar un diámetro mayor al 50% del diámetro del tronco en el punto de inserción [s83]. Un consejo práctico para los cuidadores de árboles es verificar regularmente las proporciones de diámetro con un calibrador y actuar con anticipación cuando se vislumbren desarrollos desfavorables. La distribución del follaje juega un papel importante: al menos dos tercios del tronco y de las ramas permanentes deben estar cubiertos de masa foliar [s83]. Al realizar el corte, se debe tener cuidado de no eliminar más del 20% de la masa foliar total en un año [s85]. En casos excepcionales, como en árboles jóvenes con un desarrollo muy deficiente, se pueden eliminar hasta el 40% [s84]. El momento óptimo para el corte de formación es en invierno, cuando los árboles están deshojados [s83]. Esto facilita la evaluación de la estructura de la copa y permite realizar cortes más precisos. Un flujo de trabajo práctico es el siguiente: primero se analiza toda la estructura de la copa, luego se identifican las áreas problemáticas y finalmente se trabaja de arriba hacia abajo, comenzando con las correcciones más grandes. Los objetivos del corte de formación son diversos e incluyen, además del desarrollo estructural, la salud biológica y aspectos estéticos [s81]. Un árbol bien formado se caracteriza por una forma de copa equilibrada, que requiere menos cuidado en el futuro [s85]. Esto es especialmente relevante en entornos urbanos, donde los árboles a menudo están expuestos a condiciones de espacio restringido. Para la exitosa realización del corte de formación, se recomienda documentar todas las medidas en un protocolo de cuidado. En este, además de la fecha y el tipo de cortes realizados, se deben registrar particularidades y objetivos de desarrollo. Esto permite un monitoreo continuo del desarrollo del árbol y ayuda a evaluar el éxito de las medidas. La pollardización representa una forma especial de corte de formación que se utiliza principalmente en árboles jóvenes [s86]. Esta técnica se aplica a menudo en áreas urbanas, donde el crecimiento futuro del árbol debe ser severamente restringido. Sin embargo, la decisión de optar por la pollardización debe sopesarse cuidadosamente, ya que requiere un considerable esfuerzo de cuidado a lo largo de toda la vida del árbol.

Glosario

Pollardización

Un método de corte histórico de la Edad Media, en el que los árboles se cortan a una altura determinada y se recortan regularmente para obtener leña o forraje para el ganado. Hoy en día, se utiliza principalmente para controlar el tamaño en espacios de calles estrechas.

2. 3. 3. Medidas de protección del tronco

Las medidas de protección del tronco son una parte esencial del cuidado de los árboles jóvenes y sirven para prevenir diversas influencias dañinas. Especialmente en los primeros años después de la plantación, los árboles jóvenes son susceptibles a daños mecánicos, daños por fauna silvestre y otros efectos ambientales negativos [s87]. Una de las medidas de protección más importantes es la instalación de dispositivos de protección para árboles contra el daño por fauna silvestre, especialmente por conejos. Estos pueden causar daños significativos al anillar los troncos o al alimentarse de brotes jóvenes [s87]. En la práctica, se han demostrado eficaces las mangas de protección hechas de malla de alambre galvanizado, que deben tener al menos 60 cm de altura. Al instalarlas, es importante asegurarse de que las mangas se entierren aproximadamente 10 cm en el suelo para evitar que los conejos excaven por debajo. En las obras cercanas a los árboles, es esencial establecer una zona de protección para árboles (BSZ) [s88]. Esta zona corresponde a la zona crítica de raíces (KWZ) y debe estar protegida por cercas estables. Un enfoque probado es la instalación de una valla de construcción de al menos 1,8 metros de altura, que debe estar marcada con "Zona de Protección de Árboles - Prohibido el Acceso". Dentro de esta zona, se deben evitar cualquier compactación del suelo, acumulación de materiales o excavaciones [s89]. Para proteger el área del tronco durante las obras, se recomienda además una envoltura de protección del tronco. Esta debe consistir idealmente en tablones que se coloquen a una distancia de aproximadamente 3 cm alrededor del tronco y se fijen con material que no corte (por ejemplo, mangueras viejas). El espacio entre los tablones se llena con material suelto como paja o espuma. Al planificar proyectos de construcción, se debe elaborar con antelación un plan detallado de protección de árboles [s89]. Este incluye la cartografía precisa de los árboles a proteger, la definición de zonas de protección y la definición de rutas alternativas para vehículos de construcción. Un consejo práctico para los directores de obra: realice una documentación fotográfica del estado inicial de los árboles para poder demostrar daños posteriores. La protección del suelo en el área de las raíces requiere atención especial. Una medida efectiva es la aplicación de una capa de mantillo de al menos 15 cm de grosor hecha de astillas de madera [s89]. Esto no solo previene la compactación del suelo por el tráfico, sino que también regula la humedad y la temperatura del suelo. En caso de intervenciones en el suelo que no se puedan evitar, estas deben realizarse exclusivamente a mano y bajo supervisión experta. El control y mantenimiento regular de las instalaciones de protección son esenciales. Se debe realizar una inspección mensual, en la que se verifique la estabilidad de las instalaciones de protección y se documenten posibles daños. Se debe prestar especial atención a las mangas de protección del tronco que estén sueltas o dañadas, ya que pueden no cumplir su función de protección. Para un desarrollo sostenible de los árboles, es importante mantener las medidas de protección hasta que el árbol haya desarrollado una autonomía suficiente. En el caso de las mangas de protección del tronco contra el daño por fauna silvestre, esto suele ser el caso cuando la corteza ha alcanzado un grosor adecuado [s87]. Un indicador práctico para esto es una estructura de corteza áspera y corchosa.

Glosario

Zona de Protección de Árboles
Un área de protección definida alrededor de un árbol, calculada a partir del contorno de la copa más al menos 1,5 metros, en la que se aplican regulaciones de protección especiales

Zona Crítica de Raíces
Área bajo la copa del árbol más 1,5 metros, donde se encuentran aproximadamente el 80% de las raíces vitales y que debe ser especialmente protegida

Resumen - 2. 3. Cuidado de árboles jóvenes

- La fertilización debe realizarse solo después de un análisis profesional del suelo a profundidades de 0-30 cm y 30-60 cm.
- Las medidas de fertilización son óptimas desde finales del invierno hasta mediados de julio.
- Los productos combinados con herbicidas pueden causar la muerte de los árboles.
- La poda de formación debe realizarse cuando el diámetro del tronco aún esté por debajo de 50 cm.
- Las ramas no deben alcanzar más del 50% del diámetro del tronco en el punto de inserción.
- Al menos 2/3 del tronco deben estar cubiertos con masa foliar.
- Se puede eliminar un máximo del 20% de la masa foliar por año, en casos excepcionales hasta el 40%.
- Las mangas de protección para árboles deben tener 60 cm de altura y alcanzar 10 cm de profundidad en el suelo.
- La zona de protección del árbol debe estar protegida con cercas de construcción de 1,8 m de altura.
- Las envolturas de protección del tronco necesitan un espacio de 3 cm con material acolchado.
- Una capa de mantillo de al menos 15 cm protege contra la compactación del suelo.
- Se requieren controles mensuales de las instalaciones de protección.
- La protección del tronco puede ser retirada cuando la corteza esté suficientemente corchada.

Revisión - 2. Vivero y cultivo

- La germinación de árboles requiere superar la inhibición natural de la germinación mediante estratificación a 2-5°C durante 110-130 días, lo que permite tasas de germinación del 20-30%.
- Los ácidos orgánicos pueden digerir el pericarpo del fruto y hacer que la cubierta de la semilla sea más permeable.
- La crioconservación de semillas está ganando cada vez más importancia para la conservación de recursos genéticos.
- En la multiplicación por esquejes, se alcanzan tasas de éxito de hasta el 95% en primavera, si los esquejes se cortan por la mañana temprano en estado turgente.
- El tratamiento con auxinas estimula la formación de más de 20 raíces adventicias en un plazo de 2-3 semanas.
- La técnica de injerto de chip ha demostrado ser especialmente eficaz en el arce azucarero, con altas tasas de éxito.
- Los microaspersores y los sistemas de riego por goteo permiten un riego preciso y ahorrador de agua directamente en la base de la planta.
- El análisis del suelo debe combinar muestras de 15-20 cm de profundidad de diferentes lugares de la propiedad en una muestra compuesta.
- Para los árboles frutales, el pH óptimo se sitúa entre 6,0 y 6,5.
- Al plantar, el agujero de plantación debe ser al menos el doble de ancho que el cepellón.
- La zona crítica de raíces corresponde al área bajo la copa del árbol más 1,5 metros y contiene el 80% de las raíces vitales.
- Durante la poda de formación, ninguna rama debe desarrollar un diámetro mayor al 50% del diámetro del tronco en el punto de inserción.
- La pollardización histórica se utiliza hoy principalmente para el control de tamaño en espacios de calles estrechas.
- Con este conocimiento básico sobre el cultivo y cuidado de jóvenes árboles, surge ahora la pregunta de cómo la poda

profesional de árboles puede continuar óptimamente este desarrollo y asegurar la vitalidad de los árboles en crecimiento a largo plazo.

3. 0. 0. Poda profesional de árboles

La poda profesional de árboles representa una de las tareas más importantes y, al mismo tiempo, complejas en el cuidado moderno de los árboles. Mientras que en el pasado a menudo se cortaba por intuición, los conceptos de poda actuales se basan en conocimientos científicos sobre la biología y fisiología de los árboles. Pero, ¿cómo se puede determinar el momento óptimo para una poda? ¿Qué particularidades específicas de cada especie deben tenerse en cuenta? ¿Y qué papel juegan las herramientas y equipos de seguridad utilizados? Las respuestas a estas preguntas son decisivas para la salud y estabilidad a largo plazo de los árboles. Un corte incorrecto no solo puede tener consecuencias estéticas, sino que también puede dañar de manera sostenible la vitalidad del árbol o incluso poner en peligro su estabilidad. Por ello, es fundamental comprender y aplicar en la práctica los principios y técnicas básicas de la poda adecuada de árboles. Los siguientes capítulos proporcionan el conocimiento especializado necesario, desde la correcta técnica de corte hasta la elección del momento adecuado y la documentación adecuada. Así queda claro: la poda profesional de árboles es mucho más que la simple eliminación de ramas molestas; es una ciencia en sí misma que requiere experiencia, conocimientos técnicos y una profunda comprensión de las necesidades de las diferentes especies de árboles.

3. 1. 0. Tipos y técnicas de poda

La correcta ejecución de las medidas de poda de árboles requiere un conocimiento profundo sobre los diferentes tipos de corte y sus áreas de aplicación específicas. Pero, ¿qué técnicas son adecuadas para qué situaciones? ¿Cómo se puede encontrar el equilibrio entre las intervenciones necesarias y la conservación de la estructura natural del árbol? La poda profesional de árboles abarca un amplio espectro de medidas, desde la poda de mantenimiento básica hasta el cuidado complejo de la copa, así como técnicas especializadas como el perfil de luz y la poda de forma. Cada uno de estos métodos sigue reglas propias y requiere conocimientos específicos en su implementación práctica. La elección de la técnica de corte adecuada y su correcta ejecución son decisivas para la vitalidad y estabilidad a largo plazo de un árbol. Por lo tanto, una mirada detallada a los diferentes tipos de corte y su aplicación constituye la base para un cuidado exitoso y sostenible de los árboles.

„Al eliminar ramas más grandes, siempre se debe aplicar la técnica de tres cortes: primero un corte de alivio desde abajo, luego un segundo corte desde arriba un poco más hacia afuera, y finalmente el corte final directamente en el collar de la rama."

3. 1. 1. Corte de conservación

El corte de conservación es una medida de cuidado fundamental en el mantenimiento de árboles, que abarca diferentes tipos de cortes especializados y persigue tres objetivos principales: seguridad, salud y estética [s90]. Esta medida de cuidado requiere un profundo entendimiento de la biología del árbol y técnicas de corte precisas para garantizar la integridad estructural y la vitalidad del árbol a largo plazo [s91]. Los componentes más importantes del corte de conservación incluyen la limpieza de la copa, el aclarado de la copa, el levantamiento de la copa y la reducción de la copa [s92]. En la limpieza de la copa, se eliminan ramas muertas, moribundas o enfermas, lo cual es esencial para la seguridad del árbol y previene la propagación de enfermedades [s93]. Por otro lado, el aclarado de la copa se centra en la eliminación selectiva de ramas más pequeñas (de menos de 5 cm de diámetro) para mejorar la penetración de luz y la circulación de aire, no debiendo eliminarse más del 25 por ciento de la copa por período de crecimiento [s93]. En la ejecución práctica del corte de conservación, se debe tener especial cuidado. Por ejemplo, al eliminar ramas más grandes, siempre se debe aplicar la técnica de tres cortes: primero se realiza un corte de alivio desde abajo, luego un segundo corte desde arriba un poco más afuera, y finalmente el corte final directamente en el collar de la rama [s94]. Esta técnica previene el desgarro de la corteza y promueve la óptima cicatrización de la herida. La reducción de la copa es una medida especialmente exigente que solo debe ser realizada por profesionales experimentados [s95]. En este caso, se reduce estratégicamente el tamaño total de la copa del árbol, lo cual es especialmente importante para árboles que han crecido demasiado para su ubicación [s96]. Un error común en la práctica es la sobrecorte: se debe seguir la regla general de que no se debe eliminar más del 20 por ciento del follaje en un año en árboles maduros [s92]. Para el levantamiento de la copa, donde se eliminan ramas inferiores para crear espacio para el tráfico o peatones, hay una regla importante: al menos dos tercios de la altura total del árbol deben conservar ramas vivas [s94]. Esta medida debe llevarse a cabo idealmente antes de que las ramas a eliminar superen los 5 cm de diámetro [s92]. El momento óptimo para las medidas de corte suele ser durante la fase de reposo de los árboles, ya que esto favorece la cicatrización de las heridas y minimiza el riesgo de transmisión de enfermedades [s90]. En la ejecución, es esencial conservar el collar de la rama y evitar los llamados "Flush-Cuts" o "Stub-Cuts", ya que estos obstaculizan la cicatrización de la herida [s90]. Se debe prestar especial atención al desarrollo estructural de los árboles jóvenes. Los cortes formativos tempranos pueden prevenir problemas posteriores con la estructura de las ramas [s94]. Esto promueve el desarrollo de una arquitectura de copa estable, lo que facilita considerablemente el cuidado posterior [s97]. En árboles históricos o especialmente valiosos, pueden ser necesarias medidas de conservación especiales, como la seguridad de la copa o cortes restaurativos [s96]. Estas medidas deben ser planificadas y documentadas con especial cuidado, ya que a menudo deben llevarse a cabo durante varios años. La calidad del corte de conservación a menudo solo se manifiesta años después. Por lo tanto, es esencial un control y documentación regular de las medidas realizadas [s91]. También se deben observar las reacciones del árbol a las medidas de corte para ajustar óptimamente las futuras medidas de cuidado.

poda de mantenimiento [i15]

3. 1. 2. Cuidado de la copa

El cuidado de la copa es un aspecto complejo del cuidado de los árboles que va mucho más allá de la simple eliminación de ramas. Una comprensión básica de la morfología del árbol y de las estrategias naturales de supervivencia es esencial para llevar a cabo medidas de cuidado exitosas [s98]. Especialmente en árboles más viejos, se requiere un enfoque estratégico a largo plazo, ya que los problemas estructurales rara vez pueden resolverse con una sola medida. Una de las reglas más importantes del cuidado profesional de la copa es evitar prácticas dañinas como "Topping" - el acortamiento radical o la eliminación de grandes ramas en árboles maduros. Esta práctica provoca heridas graves que favorecen la pudrición y el deterioro, y que pueden llevar a la muerte prematura del árbol [s99]. En su lugar, las reducciones de copa deben realizarse mediante técnicas de aclarado específicas que respeten la forma natural del árbol [s100]. En la ejecución práctica del cuidado de la copa, la técnica de corte correcta es de suma importancia. Los cortes deben realizarse fuera del collar de la rama y deben inclinarse hacia abajo hacia el tronco [s101]. La técnica anteriormente practicada de "Flush-Cutting" ha sido reemplazada por el "Natural Target Pruning", donde el corte se realiza en el collar de la rama [s102]. Este método apoya de manera óptima la curación natural de las heridas del árbol. Un aspecto particular del cuidado de la copa es el "corte de ventana visual", donde se aclaran áreas específicas de la copa para liberar ciertos ejes visuales [s103]. Esta técnica requiere un especial tacto para no afectar la forma natural de la copa y al mismo tiempo lograr el efecto deseado. En las nuevas plantaciones, es importante abstenerse de realizar cortes innecesarios durante los primeros dos años, ya que estos pueden reducir las reservas de energía almacenadas del árbol y causar estrés adicional [s104]. Las únicas excepciones son la eliminación de ramas muertas o rotas. Un plan de corte sistemático debe implementarse solo después del período de establecimiento de dos años. El cuidado de la copa requiere especial atención en especies de árboles específicas, como las encinas. Para prevenir la propagación de enfermedades como la marchitez del roble, a menudo existen restricciones temporales para las medidas de corte. Así, en algunas comunidades, se prohíbe la poda de encinas entre el 1 de abril y el 15 de julio [s104]. El éxito en el cuidado de la copa se basa en una cuidadosa documentación y evaluación regular de las medidas realizadas. Los estudios de caso de árboles tratados con éxito muestran que los registros detallados sobre problemas en la estructura del árbol, las medidas realizadas y sus resultados contribuyen significativamente al éxito a largo plazo [s98]. Para la implementación práctica, es esencial que las medidas de cuidado de la copa sean realizadas por profesionales certificados [s100]. Estos poseen el conocimiento y la experiencia necesarios para cumplir con los complejos requisitos del cuidado moderno de los árboles, garantizando tanto la salud del árbol como la seguridad del entorno.

Glosario

Flush-Cutting
Una técnica de corte anticuada, en la que las ramas se cortan directamente en el tronco. Este método impide la formación de tejido de cicatrización y puede causar daños permanentes al tronco.

Natural Target Pruning
Una técnica de corte moderna que se orienta a las zonas de caída natural del árbol. Considera las zonas de defensa biológica del árbol y promueve la curación óptima de las heridas.

Topping
Un método de corte obsoleto y dañino, en el que se acorta drásticamente toda la copa del árbol. Esta técnica se clasifica hoy como mutilación del árbol y puede causar daños irreversibles al árbol.

3. 1. 3. Corte del perfil de espacio libre

El corte del perfil de espacio libre es una medida esencial de cuidado de árboles, que sirve principalmente para la seguridad vial. Este tipo de corte específico garantiza las distancias y espacios necesarios a lo largo de las vías de tráfico, cumpliendo con las alturas y anchos mínimos legalmente establecidos [s105]. En la práctica, el corte del perfil de espacio libre se orienta a los requisitos específicos del espacio de tráfico correspondiente. Por ejemplo, sobre las aceras debe garantizarse una altura libre de al menos 2,50 metros, sobre los carriles para bicicletas 2,50 metros y sobre las calles 4,50 metros. En las carreteras nacionales, este requisito se eleva incluso a 4,70 metros. Un cuidador de árboles experimentado tendrá en cuenta el crecimiento futuro al realizar el corte y cortará de manera más generosa para prolongar los intervalos entre las medidas de cuidado necesarias. La realización del corte del perfil de espacio libre requiere especial cuidado, ya que a menudo es necesario intervenir en la estructura natural del árbol. Es importante mantener el equilibrio entre los requisitos de seguridad vial y la salud del árbol. En la práctica, se ha demostrado que es beneficioso distribuir las medidas de corte de manera gradual a lo largo de varios años, especialmente en árboles más viejos que ya han desarrollado una arquitectura de copa pronunciada. Una especial desafío representa el corte del perfil de espacio libre en calles muy transitadas. Aquí no solo se debe considerar el espacio de tráfico actual, sino también posibles desarrollos futuros, como la creación de carriles adicionales o carriles para bicicletas. En tales casos, es esencial una estrecha coordinación con las autoridades de tráfico competentes. Al realizar el corte del perfil de espacio libre, también se pueden integrar elementos restaurativos [s106]. Esto es especialmente importante en árboles que han sido dañados en el pasado por cortes inadecuados o influencias externas. Aquí, el corte puede realizarse de tal manera que no solo mantenga el espacio de tráfico libre, sino que también contribuya a mejorar la estructura del árbol. Otro aspecto importante es la consideración del espacio radicular [s106]. Especialmente en áreas urbanas, donde los árboles a menudo se encuentran muy cerca de líneas de servicios o cimientos, el corte del perfil de espacio libre debe coordinarse con una gestión de raíces bien pensada. Esto puede significar que, paralelamente al corte de la copa, también se deben realizar cortes de raíces selectivos para minimizar conflictos con la infraestructura. En árboles dañados, el corte del perfil de espacio libre puede combinarse con un corte de restauración [s107]. Esto permite eliminar áreas dañadas de manera específica y, al mismo tiempo, establecer el perfil de espacio libre requerido. Esta combinación de diferentes tipos de corte requiere una especial experiencia y debe ser realizada solo por profesionales calificados. La documentación de las medidas realizadas es especialmente importante en el corte del perfil de espacio libre. Además de los registros habituales sobre el tipo y alcance de las medidas de corte, también deben documentarse las distancias y alturas actuales. Esto facilita la planificación de futuras medidas de cuidado y ayuda a cumplir con la obligación de seguridad vial.

3. 1. 4. Poda de forma

La poda de forma representa un desafío particular en el cuidado de los árboles, ya que combina aspectos tanto estéticos como biológicos. A diferencia de la poda de conservación, aquí se trata principalmente de dar forma al árbol de manera intencionada según criterios estéticos o funcionales [s108]. En la práctica de la poda de forma, es esencial comenzar las medidas de corte ya en la fase juvenil del árbol. Un inicio temprano permite alcanzar la forma deseada con intervenciones mínimas en la estructura del árbol. En este proceso, primero se debe establecer la forma básica y luego desarrollarla a lo largo de los años mediante cortes regulares y moderados [s108]. Particularmente en formas geométricas como cubos, esferas o pirámides, se requiere un trabajo preciso. Los cuidadores de árboles experimentados a menudo utilizan plantillas o marcos de guía para garantizar una forma uniforme. Los cortes deben realizarse preferentemente durante el período de vegetación, ya que el árbol crece activamente y puede mantener mejor la forma [s108]. Una forma común de poda de forma es la forma de espaldera, donde los árboles se guían en superficies planas contra paredes o estructuras. En este caso, los brotes principales se orientan horizontal o diagonalmente y se acortan regularmente, mientras que los brotes laterales se reducen a unos pocos ojos. Esta técnica se aplica especialmente a los árboles frutales, donde no solo ofrece ventajas estéticas, sino también prácticas durante la cosecha [s108]. En el desarrollo de arbustos de forma, la elección del momento adecuado para las medidas de corte es crucial. Durante la fase principal de crecimiento en primavera y principios de verano, se requieren intervenciones más frecuentes para garantizar un crecimiento uniforme. Un consejo práctico es recortar especies de rápido crecimiento como el ligustro o el haya cada 6-8 semanas, mientras que para especies de crecimiento lento como el tejo, dos o tres cortes al año son suficientes [s108]. El arte de la poda de forma requiere una comprensión profunda de los patrones de crecimiento naturales de las diferentes especies de árboles. Por ejemplo, las especies con un patrón de ramificación denso y buena capacidad de regeneración son especialmente adecuadas para formas geométricas. Entre los arbustos clásicos de forma se encuentran el Taxus (tejo), Buxus (boj) y Carpinus (haya) [s108]. Un aspecto importante en la poda de forma es la conservación de la vitalidad del árbol. A pesar de la forma artificial, el árbol debe mantener suficiente masa foliar para realizar una fotosíntesis adecuada. Como regla general, se debe conservar al menos el 70% de la masa foliar original. Especialmente en especies perennes, es importante asegurarse de que el interior de la forma reciba suficiente luz para evitar la desfoliación [s108]. La elección de las herramientas juega un papel decisivo en la poda de forma. Para cortes precisos, son especialmente adecuadas las tijeras de mano afiladas y, para áreas más grandes, las cortadoras de setos eléctricas. Las superficies de corte deben ser siempre lisas y limpias para promover la curación de las heridas y prevenir la entrada de patógenos [s108]. Un error común en la poda de forma es intervenir demasiado en la estructura del árbol. En su lugar, se debe respetar el crecimiento natural del árbol tanto como sea posible e integrarlo en la forma deseada. Esto reduce el esfuerzo de mantenimiento y preserva la vitalidad del árbol [s108].

Topiaria [i16]

Poda ornamental [i17]

Resumen - 3. 1. Tipos y técnicas de poda

- La poda de conservación incluye la limpieza de la copa, el aclarado de la copa, el levantamiento de la copa y la reducción de la copa como componentes principales.
- En el aclarado de la copa, no se deben eliminar más del 25% de la copa por período de crecimiento.
- La técnica de tres cortes previene el desgarro de la corteza al eliminar ramas más grandes.
- En el levantamiento de la copa, deben conservarse al menos dos tercios de la altura total de ramas vivas.
- Los cortes al ras y los cortes de muñón obstaculizan la cicatrización de las heridas y deben evitarse.
- La poda de objetivo natural ha reemplazado el corte al ras como método anteriormente practicado.
- En nuevas plantaciones, no deben realizarse medidas de corte innecesarias durante los primeros dos años.
- Para los robles, a menudo hay restricciones temporales entre el 1 de abril y el 15 de julio para proteger contra la muerte del roble.
- Sobre las aceras, se requiere una altura libre de 2,50 m, y sobre las calles, 4,50 m.
- En carreteras federales, el requisito aumenta a un perfil de espacio libre de 4,70 m.
- Los cortes de forma deben realizarse preferentemente durante el período de vegetación.
- En arbustos de forma de rápido crecimiento como el ligustro, se necesita un recorte cada 6-8 semanas.
- Se debe conservar al menos el 70% de la masa foliar original en la poda de forma.

3. 2. 0. Herramientas y equipo

La elección de las herramientas y equipos adecuados determina en gran medida la calidad y seguridad de los trabajos de poda de árboles. Pero, ¿qué criterios deben tenerse en cuenta al seleccionar? ¿Cómo se puede aumentar la eficiencia del trabajo mediante equipos especializados adecuados? ¿Y qué aspectos de seguridad son imprescindibles? La poda profesional de árboles requiere una interacción bien pensada de varios componentes: desde herramientas de corte precisas hasta equipos de protección personal y dispositivos diagnósticos especializados. Es fundamental considerar tanto los requisitos específicos de cada tarea como las normativas de seguridad aplicables. Las siguientes secciones ofrecen una visión sistemática de las herramientas y equipos esenciales y muestran cómo su uso adecuado conduce a resultados óptimos en el trabajo.

> *„Los bypass-Schneider con cuchillas cruzadas producen cortes especialmente limpios y, por lo tanto, son la primera opción para plantas lechosas vivas.“*

3. 2. 1. Herramientas de corte

Las herramientas de corte son instrumentos indispensables en el cuidado de árboles y la plantación de arbustos. La elección de la herramienta adecuada depende del grosor del material a cortar y de la altura de trabajo [s109]. Para ramas delgadas de hasta 2 cm de diámetro, se utilizan cortadores de mano, que están disponibles en dos versiones básicas: cortadores de bypass y cortadores de yunque [s109]. Los cortadores de bypass funcionan con dos cuchillas que se cruzan como unas tijeras y producen cortes especialmente limpios, lo que los convierte en la primera opción para plantas vivas. Los cortadores de yunque, en cambio, tienen una cuchilla afilada que golpea una superficie plana, siendo especialmente adecuados para material seco o muerto [s110]. Para ramas más gruesas de hasta aproximadamente 6,35 cm, se utilizan cortadores de ramas (también llamados Loppers). Estos cuentan con brazos de palanca más largos, lo que permite trabajar con menos esfuerzo [s111]. Los modelos modernos a menudo están equipados con mecanismos de engranaje que reducen aún más la fuerza necesaria. Al trabajar con cortadores de ramas, se debe prestar atención a que la rama se corte lo más cerca posible del tronco principal en un ángulo de 45 grados para permitir una óptima cicatrización de la herida. Para ramas aún más gruesas a partir de 6,35 cm, se recomienda el uso de sierras de árbol [s112]. Estas están disponibles en varias versiones, como sierras plegables para uso móvil o sierras de arco para cortes especialmente precisos. La mayoría de las sierras de árbol modernas cortan tanto al tirar como al empujar, lo que permite un trabajo eficiente [s110]. Para trabajos en altura, hay herramientas telescópicas especiales disponibles. Los cortadores telescópicos pueden alcanzar ramas de hasta 5 cm de diámetro a alturas de hasta 2,4 metros [s111]. Son especialmente prácticos los modelos con cabezales de corte intercambiables, que se pueden adaptar de manera flexible a diferentes tareas [s113]. El mantenimiento regular de las herramientas es esencial. Las cuchillas deben limpiarse y engrasarse después de cada uso para evitar la formación de óxido [s114]. Al cortar partes enfermas de las plantas, es importante desinfectar las herramientas para prevenir la transmisión de patógenos. Esto se puede hacer de manera efectiva con un soplete [s114]. Para usuarios profesionales y trabajos más extensos, las motosierras pueden ser útiles, aunque su uso requiere la correspondiente cualificación y equipo de protección [s109]. Al adquirir herramientas de corte, se debe prestar atención a la calidad en general: las herramientas de alta calidad trabajan con mayor precisión, duran más y reducen el riesgo de lesiones [s115]. Un equipo básico práctico para el cuidado de arbustos consiste en un cortador de bypass para trabajos rutinarios, un cortador de ramas para ramas medianas y una sierra de árbol para trabajos de corte más grandes [s114]. Esta combinación permite abordar la mayoría de las tareas de corte en jardinería y paisajismo.

tijera de yunque [i18]

Glosario

Lopper
Término de origen inglés para un cortador de ramas profesional, que fue desarrollado originalmente para la fruticultura.

Cortador de bypass
Una herramienta de precisión de la técnica de jardinería que, gracias a su afilada guía de doble cuchilla, produce bordes de corte especialmente suaves, minimizando así el riesgo de aplastamiento en el material vegetal.

3. 2. 2. Equipos de seguridad

El equipo de seguridad juega un papel central en el cuidado de los árboles y la dendrología, ya que protege al trabajador de diversas peligros. Un equipo de protección personal completo (PSA) es indispensable y está legalmente requerido [s116]. Es especialmente importante la protección de la cabeza mediante un casco adecuado. Para trabajos en el suelo, a menudo es suficiente un casco de protección estándar, mientras que para trabajos de escalada se deben utilizar cascos de montañismo especiales [s117]. Estos deben estar equipados con una correa para la barbilla para asegurar un ajuste seguro incluso con movimientos de cabeza. Una visera integrada o gafas de protección separadas protegen los ojos de astillas, ramas y otras partículas [s118]. Las manos deben estar protegidas con guantes adecuados, siendo la elección del material dependiente de la actividad específica. Para trabajos de corte, son adecuados guantes resistentes a cortes, mientras que al trabajar con cuerdas son importantes guantes que sean antideslizantes pero aún sensibles [s117]. Al elegir, se debe tener en cuenta que los guantes no sean demasiado rígidos y permitan una buena sensación táctil. Se debe prestar especial atención a la protección de las piernas, especialmente al trabajar con motosierras. Los pantalones o chapas de protección contra cortes son indispensables aquí [s119]. Los pantalones deben cumplir con la norma correspondiente y ser revisados regularmente por daños. Son prácticos los modelos con cremallera, que se pueden poner y quitar rápidamente, aunque se debe tener en cuenta que son menos flexibles en la adaptación de tallas. Los zapatos de seguridad deben tener punteras de acero y suelas antideslizantes [s120]. Para trabajos en los árboles, se recomiendan zapatos de escalada especiales con protección reforzada para los tobillos. Los zapatos deben ser revisados regularmente por su agarre y reemplazados en caso de desgaste. Para trabajos en altura, se requiere equipo de seguridad adicional. Esto incluye arneses de escalada, cuerdas y mosquetones [s121]. Estos deben ser inspeccionados cuidadosamente antes de cada uso. Los mosquetones deben ser autolock y autoseguro, y tener una resistencia mínima de 2.270 kg. En trabajos de escalada, es obligatorio tener siempre al menos un punto de anclaje, y al cortar, incluso dos. En trabajos cerca de carreteras o en condiciones de visibilidad reducida, se requiere ropa de advertencia altamente visible (Hi-Viz) [s119]. Esta debe estar en buen estado y tener las franjas reflectantes requeridas. Todo el equipo de seguridad debe ser mantenido y revisado regularmente [s122]. El equipo dañado debe ser retirado de inmediato. Un control documentado debe realizarse al menos una vez al año, y con un uso intensivo, con mayor frecuencia. Se debe tener especial cuidado al trabajar cerca de líneas eléctricas. Aquí se deben utilizar herramientas aisladas y cuerdas no conductoras [s122]. La ropa de trabajo también debe estar libre de elementos metálicos que puedan establecer contacto eléctrico. El uso correcto del equipo de seguridad debe ser aprendido. Por lo tanto, la formación regular [s123] es esencial y debe incluir tanto elementos teóricos como prácticos. En este proceso, los participantes no solo aprenden la aplicación correcta, sino también el mantenimiento y cuidado de su equipo.

Glosario

Hi-Viz

Abreviatura en inglés de 'High Visibility' (alta visibilidad). Se refiere a ropa de advertencia especial con materiales fluorescentes y franjas retroreflectantes según las normas internacionales EN ISO 20471 o EN 471.

PSA

Abreviatura de Equipos de Protección Personal - un concepto regulado por ley para proteger a los trabajadores de riesgos para la salud en el trabajo. El PSA debe ser proporcionado gratuitamente por el empleador.

3. 2. 3. Equipos especiales

Para el diagnóstico y cuidado profesional de los árboles, son indispensables diversos equipos especiales que van mucho más allá de las herramientas de corte normales. Estos permiten una evaluación precisa de la salud del árbol y apoyan en medidas de cuidado específicas. El equipo básico para el diagnóstico de árboles incluye perforadoras de resistencia, con las que se puede examinar la estructura interna de la madera de manera no destructiva [s124]. Se introduce una broca delgada a una velocidad constante en la madera, mientras se mide la resistencia de perforación. La madera sana muestra una resistencia uniforme, mientras que los puntos podridos se reconocen por desviaciones significativas. Al aplicar, se deben documentar cuidadosamente los puntos de perforación y realizar el menor número posible de perforaciones por árbol. Los dispositivos de medición acústica complementan el diagnóstico al detectar defectos internos mediante ondas sonoras [s124]. Se fijan varios sensores al tronco y se mide la propagación del sonido. Las cavidades o la descomposición alteran la velocidad del sonido de manera característica. Este método es especialmente adecuado para una primera evaluación completamente no destructiva. Para la medición de la altura de los árboles se utilizan modernos medidores de distancia láser [s124]. Estos permiten una medición precisa incluso en árboles de difícil acceso. Se dirige el láser primero a la punta del árbol y luego a la base del tronco; la altura se calcula automáticamente. Para mediciones precisas, se deben realizar varias mediciones desde diferentes posiciones. Los inclinómetros digitales [s124] se utilizan para evaluar la estructura y la inclinación de la copa. Estos son especialmente importantes en la evaluación de riesgos, ya que pueden detectar incluso pequeños cambios en la estática del árbol. Las mediciones deben repetirse regularmente para identificar cambios a tiempo. Para la investigación detallada de la corteza, las hojas y posibles infestaciones de plagas, son imprescindibles lupas de mano de alta calidad [s124]. Estas deben ofrecer al menos 10 aumentos. En la inspección, es importante proceder de manera sistemática: se comienza en la base del tronco y se trabaja hacia arriba. El análisis del suelo se realiza con muestreadores especiales y dispositivos de medición de humedad [s124]. Estos proporcionan información sobre la salud de las raíces y las condiciones del sitio. Las muestras de suelo deben tomarse a diferentes profundidades y distancias del tronco para obtener una imagen completa. Para el monitoreo de plagas se utilizan diferentes tipos de trampas para insectos [s124]. Estas deben ser controladas regularmente y se deben documentar las capturas. La colocación de las trampas debe hacerse de manera estratégica para obtener resultados representativos. En la investigación de raíces, ayudan las perforadoras de resistencia especiales [s124], que funcionan de manera similar a las del tronco, pero están optimizadas para el uso horizontal. Las mediciones deben realizarse a diferentes distancias del tronco para examinar sistemáticamente el sistema radicular. Para el análisis de laboratorio de muestras de madera, hay disponibles diversos equipos especiales [s125]. Estos incluyen prensas, máquinas de prueba y dispositivos para la resistencia a la intemperie. La toma de muestras debe realizarse con mucho cuidado para obtener resultados significativos. Un papel especial lo desempeñan fresadoras de tocones [s126] en la eliminación de tocones de árboles. Estas deben ser operadas con especial precaución, teniendo en cuenta las tuberías subterráneas y la seguridad del entorno. Antes de fresar, se debe examinar minuciosamente el área en busca de obstáculos.

Triturado de tocones [i19]

Dispositivos de perforación por resistencia [i20]

Glosario

Fresadora de tocones
Una máquina especial con herramientas de corte rotativas que tritura los tocones de los árboles mediante un fresado gradual hasta debajo de la superficie del suelo. Las astillas pueden permanecer como material orgánico en el suelo.

Perforadora de resistencia
Un dispositivo de diagnóstico electrónico que determina la densidad de la madera mediante la medición de la resistencia mecánica. La tecnología se basa en la correlación entre la densidad del material y la resistencia de perforación.

Resumen - 3. 2. Herramientas y equipo

- Los cortadores de bypass producen cortes especialmente limpios gracias a sus cuchillas cruzadas y son óptimos para plantas vivas.
- Los cortadores de yunque son especialmente adecuados para material seco o muerto.
- Los modernos cortadores de ramas cuentan con mecanismos de engranaje para la reducción de fuerza y cortan de manera óptima en un ángulo de 45 grados.
- La mayoría de las sierras de árbol modernas cortan tanto al tirar como al empujar.
- Los cortadores telescópicos alcanzan ramas de hasta 5 cm de diámetro a alturas de hasta 2,4 metros.
- La desinfección de herramientas después de cortar partes enfermas de plantas se puede realizar de manera efectiva con un soplete.
- Los cascos de escalada para trabajos en altura deben estar equipados con correas para la barbilla.
- Los mosquetones para trabajos de escalada requieren una resistencia mínima de 2.270 kg.
- En trabajos de corte en altura se requieren dos puntos de anclaje separados.
- Los taladros de resistencia permiten una investigación de la estructura de la madera con poco daño mediante la medición de la resistencia al taladrar.
- Los dispositivos de medición acústica detectan cavidades o pudrición a través de cambios en la velocidad del sonido.
- Los inclinómetros digitales registran los más pequeños cambios en la estática del árbol.
- Las fresadoras de tocones requieren una investigación previa exhaustiva del área en busca de obstáculos subterráneos.

3. 3. 0. Tiempos y planificación de poda

La planificación temporal y la ejecución de medidas de poda de árboles son algunas de las tareas más complejas del cuidado profesional de los árboles. ¿Cuál es el momento óptimo para una poda? ¿Con qué frecuencia deben podarse ciertas especies de árboles? ¿Y cómo se puede estructurar la documentación de las medidas de manera sistemática y legalmente segura? Las respuestas a estas preguntas son decisivas no solo para la salud y el desarrollo de los árboles, sino también para la rentabilidad del cuidado y la protección legal de las personas que las llevan a cabo. Mientras que anteriormente a menudo se daban recomendaciones generales sobre los tiempos de poda, el cuidado moderno de los árboles presenta una imagen mucho más diferenciada. Se deben tener en cuenta las particularidades específicas de cada especie, los factores relacionados con el sitio y el estado fisiológico del árbol individual. Las siguientes exposiciones ofrecen una visión detallada de las bases científicas de la planificación de la poda y muestran métodos probados en la práctica para la documentación sistemática de las medidas de cuidado.

„Para la mayoría de los árboles y arbustos de hoja caduca sin flores llamativas, se recomienda la poda durante la fase de reposo de noviembre a marzo, no debiendo eliminarse más del 20-25% del volumen de la copa en un ciclo de poda."

3. 3. 1. Tiempos de corte específicos por especie

Los tiempos de corte específicos para árboles y arbustos son cruciales para su salud y desarrollo. Mientras que anteriormente se consideraba que el otoño y el invierno eran los momentos ideales para la poda, investigaciones más recientes muestran una imagen más matizada [s127]. Los tiempos óptimos de corte varían según la especie de árbol, el estado de salud y el resultado deseado. Para la mayoría de los árboles de hoja caduca y arbustos sin flores llamativas, se recomienda la poda durante la fase de reposo de noviembre a marzo [s128]. En este período, la estructura del árbol es más visible, lo que permite una guía de corte más precisa [s129]. Se debe tener en cuenta que no se debe eliminar más del 20-25% del volumen de la copa en un ciclo de corte [s130]. En los árboles frutales, la poda invernal es especialmente importante para optimizar la distribución de la fruta y mejorar la estructura [s131]. Un consejo práctico para los propietarios de árboles frutales: realice la poda en un día sin heladas, idealmente a temperaturas superiores a 5°C, para evitar daños por heladas en los puntos de corte. Los árboles y arbustos en flor requieren una atención especial. Las especies que florecen en el año actual deben ser podadas ya sea en invierno antes de la brotación de las hojas o en verano justo después de la floración [s131]. Para especies como las forsythias o los ciruelos ornamentales, que florecen a principios de primavera, el mejor momento para la poda es inmediatamente después de la floración [s129]. Las encinas representan un caso especial. Para minimizar el riesgo de la peligrosa muerte de encinas, no deben ser podadas entre abril y finales de julio [s128]. Un consejo práctico para los propietarios de jardines: marque claramente este período en el calendario para evitar trabajos de corte accidentales. Los árboles de coníferas son más flexibles y, en principio, pueden ser podados durante todo el año. Sin embargo, también se recomienda la poda en la fase de reposo para evitar un flujo excesivo de savia y resina [s129]. Al realizar la poda, se deben usar guantes, ya que la resina que sale puede ser muy persistente. La defensa biológica de los árboles contra parásitos de heridas y hongos de descomposición juega un papel importante en la elección del momento de la poda [s132]. El otoño se considera un momento desfavorable, ya que los mecanismos de defensa son menos efectivos. En cambio, el final del invierno es un buen momento, cuando los sistemas de defensa de los árboles se activan, pero aún antes del brote que consume energía [s132]. Un aspecto práctico importante: las ramas muertas o rotas, así como los chupones de raíz, pueden ser eliminados en cualquier momento [s130]. Esto también se aplica a las medidas de emergencia en caso de daños por tormentas o riesgos de seguridad. En árboles con daños en las raíces, se debe evitar la poda durante al menos dos años para evitar estrés adicional y fomentar la recuperación [s127]. En tales casos, se recomienda consultar a un experto en árboles que pueda evaluar el estado de salud del árbol. Para el período de poda de verano, se permite realizar cortes ligeros que tienen poco impacto en el crecimiento futuro. Sin embargo, se deben evitar intervenciones fuertes, ya que pueden afectar la producción de nutrientes para el próximo año [s130]. Como regla general: cuanto más viejo es el árbol, más moderada debe ser la poda de verano.

Glosario

Chupón de raíz
Brotes no deseados que emergen del sistema radicular de un árbol. Sustraen nutrientes del tronco principal y pueden afectar la estabilidad del árbol.

Muerte de encinas
Una enfermedad fúngica peligrosa en las encinas, que penetra a través de esporas en heridas abiertas y puede llevar a la muerte de partes enteras de la copa. La transmisión a menudo ocurre a través de insectos.

Parásito de heridas
Organismos como hongos o bacterias que penetran en los árboles a través de lesiones y dañan el tejido. Son especialmente activos en condiciones de alta humedad y temperaturas suaves.

3. 3. 2. Intervalos de corte

La planificación y el cumplimiento de intervalos de corte correctos son fundamentales para un mantenimiento sostenible de los árboles. A diferencia de las medidas de corte únicas, aquí se trata del cuidado rítmico a largo plazo a lo largo de los años. Para los árboles jóvenes, se recomienda un corte estructural cada 3-4 años, mientras que los árboles establecidos requieren cortes de mantenimiento según sus necesidades [s133]. Los intervalos de corte deben ajustarse a diversos factores. En el caso de los bonsáis, por ejemplo, se distingue entre cortes de mantenimiento regulares durante todo el período de crecimiento y cortes estructurales fundamentales, que solo deben realizarse a principios de primavera o finales de otoño [s134]. Este enfoque diferenciado también se puede aplicar a los árboles de jardín normales. Un plan de mantenimiento profesional considera diferentes niveles de tiempo: controles y medidas de cuidado diarias, semanales, mensuales y anuales [s135]. En este sentido, se debe prestar especial atención a las condiciones específicas del sitio. Un árbol en una calle muy transitada, por ejemplo, requiere controles de seguridad más frecuentes que uno en un área de parque aislada. La planificación del riego debe coordinarse estrechamente con los intervalos de corte. Después de medidas de corte más grandes, los árboles a menudo requieren un suministro de agua más intensivo para evitar el estrés [s136]. Un consejo práctico: lleve un registro de riego que documente la cantidad de agua y la humedad del suelo [s137]. Para la planificación a largo plazo, se recomienda la elaboración de un plan de gestión de la vegetación detallado. Este debe contener objetivos de gestión claros, cronogramas precisos y puntos de control de calidad definidos [s135]. Un plan de este tipo no solo ayuda en la organización, sino que también permite una mejor estimación de costos para las medidas de cuidado necesarias. La poda de raíces requiere una atención especial en la planificación de intervalos. Debe realizarse con suficiente antelación a la cosecha, siendo los momentos óptimos variables según la especie de árbol [s136]. En la práctica, se ha demostrado que es útil llevar estas medidas en un cronograma separado, ya que requieren una experiencia especial. Una gestión adaptativa es esencial: los intervalos de corte deben revisarse regularmente y ajustarse según sea necesario [s135]. Por ejemplo, eventos climáticos extremos o infestaciones de enfermedades pueden requerir un ajuste de los intervalos de corte planificados. Para la implementación práctica, se recomienda la creación de un calendario digital en el que se registren todas las fechas de corte relevantes y los intervalos de control. También se deben revisar y mantener regularmente las herramientas utilizadas, ya que su calidad tiene un impacto directo en la calidad del corte [s134]. La documentación de todas las medidas realizadas es indispensable. No solo ayuda en la planificación de intervalos futuros, sino que también puede ser legalmente relevante, especialmente para los árboles en espacios públicos [s137]. Un enfoque práctico es llevar un catastro digital de árboles, en el que se registren todas las medidas de cuidado con la fecha y el tipo de intervención.

Bonsái [i21]

3. 3. 3. Documentación

Una documentación cuidadosa es esencial para el cuidado y manejo profesional de los árboles. Forma la base para un desarrollo sostenible y permite un control de calidad continuo de las medidas realizadas. La recopilación sistemática de todos los datos relevantes y las intervenciones debe llevarse a cabo tanto de forma analógica como digital. Para una documentación efectiva, se recomienda establecer un catastro de árboles digital. En él se registran no solo datos básicos como la especie de árbol, la edad y la ubicación, sino también todas las medidas de cuidado realizadas, documentadas cronológicamente. En la práctica, se ha demostrado que es útil asignar un número de identificación individual a cada árbol y vincularlo con coordenadas GPS.

La documentación de las medidas de cuidado del bosque debe ser especialmente detallada. En particular, se deben registrar intervenciones selectivas como el aclarado intencionado de las poblaciones [s138]. Un enfoque práctico es el uso de formularios digitales que se pueden completar directamente en el lugar. Estos deben contener al menos la siguiente información:

- Tipo y alcance de la medida
- Fecha y ejecutores
- Herramientas y métodos utilizados
- Ocurrencias o observaciones especiales

En la planificación de áreas, es importante marcar y documentar claramente las zonas no intervenidas. Aproximadamente el 48,6% de las áreas deben estar exentas de intervenciones [s139]. Estas zonas deben estar claramente marcadas en los mapas y acompañadas de las justificaciones correspondientes.

Para las replantaciones, se requiere una documentación separada. Esta debe incluir, además de la elección de especies, las condiciones del sitio y los requisitos específicos de cuidado [s139]. En la práctica, se ha demostrado que es útil utilizar formularios de registro estandarizados que aborden los siguientes aspectos:
- Análisis del sitio (calidad del suelo, condiciones de luz)
- Especies de reemplazo seleccionadas con justificación
- Plan de plantación con posiciones exactas
- Protocolo de cuidado para la fase de establecimiento

La documentación también sirve para el control del éxito en la implementación de los objetivos de manejo forestal [s138]. En particular, se deben registrar los siguientes aspectos:
- Desarrollo de la estructura del bosque (estratificación)
- Cambios en el hábitat de la fauna silvestre
- Tasas de crecimiento y calidad de la madera
- Indicadores económicos

Un consejo práctico importante: realice documentaciones fotográficas regulares del desarrollo. Para ello, marque puntos fotográficos fijos desde los cuales tome imágenes a intervalos regulares. Esto permite un seguimiento visual de los cambios a lo largo del tiempo. Los datos recopilados deben ser evaluados periódicamente y resumidos en informes. Estas evaluaciones forman la base para la adaptación de las medidas de cuidado y la planificación a largo plazo. Es importante documentar también desarrollos inesperados o fracasos, ya que pueden proporcionar valiosos conocimientos para futuros proyectos. Para la seguridad legal, una documentación completa es indispensable. Especialmente en el caso de árboles en espacios públicos o en límites de propiedades, estos registros pueden ser de crucial importancia en caso de disputas. Por lo tanto, conserve todos los documentos durante al menos diez años y realice copias de seguridad regulares de los datos digitales.

Glosario

Catastro de árboles

Un sistema de registro digital para la recopilación y gestión de datos de árboles, que además de la inventariación, permite la planificación de controles y medidas de cuidado. Los sistemas modernos también pueden realizar evaluaciones de riesgo y pronósticos de costos.

Resumen - 3. 3. Tiempos y planificación de poda

- Los árboles de hoja caduca sin flores llamativas deben ser podados durante la fase de reposo de noviembre a marzo, permitiendo la eliminación de un máximo del 20-25% del volumen de la copa.
- Las encinas no deben ser podadas entre abril y finales de julio para minimizar el riesgo de la muerte de encinas.
- La defensa biológica contra los parásitos de las heridas es menos efectiva en otoño, por lo que el final del invierno es preferible para las medidas de poda.
- En árboles con daños en las raíces, se debe esperar al menos dos años antes de realizar medidas de poda.
- Los árboles jóvenes requieren cortes estructurales cada 3-4 años.
- Después de medidas de poda más grandes, se requiere un suministro intensificado de agua.
- El 48,6% de las áreas forestales deben estar exentas de intervenciones y documentadas.
- La poda de raíces requiere un cronograma separado y debe realizarse de manera específica para cada especie antes de la cosecha.
- Para la seguridad legal, la documentación debe conservarse durante al menos diez años.
- Un catastro digital de árboles debería vincular números de identificación individuales con coordenadas GPS.

Revisión - 3. Poda profesional de árboles

- La poda de conservación incluye tipos de corte especializados con los principales objetivos de seguridad, salud y estética.
- En la limpieza de la copa, se eliminan un máximo del 25% de la copa por período de crecimiento.
- La técnica de tres cortes previene el desgarro de la corteza al eliminar ramas más grandes.
- En el levantamiento de la copa, deben conservarse al menos dos tercios de la altura total de ramas vivas.
- Los cortes formativos en la fase juvenil previenen problemas posteriores con la estructura de las ramas.
- El cuidado de la copa requiere un entendimiento básico de la morfología del árbol y las estrategias naturales de supervivencia.
- La "poda de objetivo natural" ha reemplazado la "poda de corte a ras" que se practicaba anteriormente.
- Para los cortes de perfil de espacio luminoso, se aplican alturas mínimas específicas: 2,50 m sobre aceras, 4,50 m sobre calles y 4,70 m sobre carreteras nacionales.
- Los dispositivos de perforación de resistencia permiten la investigación no destructiva de la calidad interna de la madera.
- No se deben podar los robles entre abril y finales de julio para minimizar el riesgo de la muerte del roble.
- Un catastro digital de árboles con coordenadas GPS y números de identificación individuales permite la documentación sistemática de todas las medidas de cuidado.
- Aproximadamente el 48,6% de las áreas forestales deberían estar exentas de intervenciones y documentadas en consecuencia.
- Mientras que estos fundamentos de la poda profesional de árboles forman la base para árboles urbanos saludables, en la silvicultura se revela una nueva dimensión del cuidado sistemático de los árboles.

4. 0. 0. Aspectos forestales

Los aspectos silviculturales de la dendrología constituyen una interfaz compleja entre la comprensión ecológica y el uso práctico del bosque. ¿Cómo se puede resolver la aparente contradicción entre los objetivos económicos y el desarrollo forestal cercano a la naturaleza? ¿Qué papel juegan las tecnologías modernas en la gestión sostenible de los ecosistemas forestales? La silvicultura se enfrenta hoy al desafío de combinar el conocimiento tradicional con enfoques innovadores. En este contexto, deben considerarse aspectos como la estructura de los bosques, las comunidades forestales y la conectividad de los hábitats, así como cuestiones prácticas de aclarado, regeneración natural y protección del bosque. La captura y mapeo precisos de los recursos forestales proporcionan la base para decisiones de gestión fundamentadas. La integración de tecnologías modernas como el escaneo láser terrestre o los sistemas de mapeo digital abre nuevas posibilidades para una gestión forestal sostenible. Al mismo tiempo, los métodos probados de cuidado y desarrollo del bosque siguen siendo indispensables. Cómo se entrelazan estos diversos aspectos y cuáles son las consecuencias prácticas que se derivan de ello se analizará en las siguientes secciones. El futuro de la silvicultura radica en la hábil combinación de comprensión ecológica, innovación tecnológica y experiencia práctica: un desafío que los modernos silvicultores deben enfrentar a diario.

4. 1. 0. Ecosistemas forestales

Los ecosistemas forestales son uno de los hábitats más complejos de nuestro planeta. ¿Cómo se desarrollan las diferentes especies de árboles en interacción? ¿Qué papel juegan las perturbaciones como la caída de árboles por el viento o la infestación de insectos en el desarrollo natural del bosque? ¿Y cómo se puede promover la biodiversidad a través de la conexión específica de hábitats forestales? Las respuestas a estas preguntas son cruciales para la comprensión y la gestión sostenible de nuestros bosques. Desde la estructura de la formación del bosque hasta la caracterización de diferentes comunidades forestales y el diseño específico de los bordes del bosque, la interacción de estos factores determina la funcionalidad ecológica de los ecosistemas forestales. La silvicultura moderna enfrenta el desafío de conciliar los objetivos económicos con los requisitos ecológicos. Los resultados de investigaciones recientes muestran que la dinámica natural de los bosques es mucho más diversa de lo que se había asumido durante mucho tiempo, un hallazgo que abre nuevas perspectivas para una gestión forestal cercana a la naturaleza.

> *„Por hectárea, deberían estar presentes al menos 20-30 metros cúbicos de madera muerta en diferentes etapas de descomposición."*

4. 1. 1. Estructura del bosque

La estructura del bosque en los ecosistemas forestales sigue un patrón complejo y dinámico, caracterizado por diversas fases de desarrollo e influencias de perturbación [s140]. El desarrollo clásico del bosque atraviesa cuatro fases características, comenzando con la iniciación del bosque, donde, tras una perturbación, se establecen nuevos individuos y se forman inicialmente densos y jóvenes bosques. En la gestión forestal práctica, es importante entender que la fase de exclusión de troncos que sigue comienza con el cierre de copas y se caracteriza por una intensa competencia entre los árboles [s140]. Los silvicultores pueden, en esta fase, apoyar la selección natural mediante medidas de aclarado dirigidas y fomentar el desarrollo de árboles futuros vitales. La complejidad de la estructura del bosque se manifiesta especialmente en la distinción de tres categorías principales de dinámica forestal: dinámica de edad uniforme, dinámica de cohortes y dinámica de huecos [s141]. Cada una de estas se ve influenciada por regímenes de perturbación específicos. Un propietario forestal, por ejemplo, debería considerar al gestionar su bosque que diferentes perturbaciones, como la caída de árboles por viento o infestaciones de insectos, pueden tener diferentes efectos sobre la estructura del bosque [s142]. En las selvas tropicales, la distribución vertical de la luz juega un papel crucial en la estructura del bosque [s143]. Los bosques secundarios muestran características diferentes a los bosques primarios: los árboles con un diámetro de 10-25 cm suelen crecer más altos y desarrollar copas más estrechas. Estos hallazgos son importantes para proyectos de reforestación en los trópicos, donde la elección correcta de especies y las distancias de plantación influyen significativamente en la futura estructura del bosque. Un aspecto a menudo subestimado de la estructura del bosque es el papel de la madera muerta [s144]. En la gestión forestal cercana a la naturaleza, se debe dejar madera muerta de manera intencionada, ya que sirve como hábitat para diversas especies y apoya el ciclo de nutrientes. Como regla general, se deben dejar al menos 20-30 metros cúbicos de madera muerta en diferentes etapas de descomposición por hectárea. La investigación en bosques boreales intactos ha demostrado que son posibles múltiples caminos de sucesión [s145]. Los bosques de todas las edades se desarrollan a lo largo de varios cientos de años a través de perturbaciones a pequeña escala, mientras que perturbaciones más grandes pueden llevar a bosques de edad uniforme o estructurados por cohortes. Para los profesionales forestales, esto significa que deben adaptar sus estrategias de gestión a estos procesos naturales. Investigaciones recientes en el norte de Europa han cambiado fundamentalmente las concepciones tradicionales sobre los ecosistemas forestales [s146]. La estructura y dinámica natural muestra una diversidad mucho mayor de lo que se había asumido anteriormente. Esto tiene un impacto directo en la silvicultura moderna: en lugar de bosques homogéneos de la misma edad, se deben buscar cada vez más bosques mixtos de diferentes edades con diversas estructuras. Para la implementación práctica, esto significa que los silvicultores y propietarios de bosques deben repensar sus estrategias de gestión. En lugar de talas a gran escala, se recomienda un uso de árbol individual a grupal que imite la dinámica natural del bosque. Deben prestar especial atención a las condiciones del sitio y al régimen de perturbación local [s145]. La complejidad de la dinámica de perturbación requiere enfoques de gestión flexibles [s142]. En la práctica, esto significa que, tras eventos de perturbación como la caída de árboles por viento o infestaciones de insectos, no se debe reaccionar automáticamente con desbroces a gran escala, sino aprovechar la regeneración natural y, si es necesario, complementarla con plantaciones dirigidas.

Cierre del dosel [i22]

Glosario

Sucesión
Se refiere a la secuencia natural de diferentes comunidades vegetales en un sitio a lo largo del tiempo, donde la composición de especies cambia continuamente.

Cierre de copas
Se refiere al estado en el que las copas de los árboles vecinos se tocan y forman un dosel cerrado. Esto conduce a condiciones de luz alteradas en el bosque.

Dinámica de cohortes
Describe el desarrollo de grupos de árboles de la misma edad, que han surgido a partir de un evento común, como un incendio forestal o daños por tormentas.

Régimen de perturbación
Describe el patrón típico de tipo, frecuencia e intensidad de perturbaciones naturales en un área forestal, como incendios, tormentas o insectos.

4. 1. 2. Comunidades forestales

Las comunidades forestales son asociaciones vegetales características que se distinguen por combinaciones específicas de especies y condiciones ecológicas [s147]. La clasificación de estas comunidades se realiza de manera sistemática y jerárquica, diferenciando varios niveles desde categorías estructurales generales hasta asociaciones de plantas detalladas asociaciones de plantas. En la ecología forestal práctica, el conocimiento de las comunidades forestales es fundamental para la gestión. Un guardabosques, por ejemplo, puede deducir importantes conclusiones sobre las condiciones del sitio, como el balance hídrico y la disponibilidad de nutrientes, a partir de las especies vegetales presentes y su composición [s148]. Esto permite una gestión forestal adecuada al sitio y ayuda en la selección de especies de árboles adecuadas para la reforestación. La clasificación de los hábitats forestales no se basa en especies indicadoras individuales, sino en asociaciones de plantas específicas [s149]. Un tipo de hábitat forestal agrupa sitios que pueden producir comunidades vegetales forestales tardías similares. En la práctica, esto significa que un ecólogo forestal debe considerar toda la composición de la vegetación durante el inventario, desde la capa de árboles hasta la capa herbácea. Particularmente interesante es la división en grupos de tipos de hábitat del norte y del sur, que representan diferentes condiciones de humedad y nutrientes [s149]. Un propietario forestal en el norte de Alemania, por ejemplo, se enfrentará a comunidades forestales diferentes a las de su colega en el sur de Alemania. Estas diferencias regionales deben ser consideradas en la gestión forestal. La clasificación nacional de la vegetación, que ha

Especies indicadoras [i23]

Comunidades forestales [i24]

surgido de años de investigación, ofrece un marco uniforme para la descripción de comunidades vegetales [s147]. Para los guardabosques y propietarios forestales, esto es una herramienta importante, ya que estandariza y hace comparables las comunicaciones sobre tipos de bosques. Un ejemplo práctico de la aplicación de la ciencia de las comunidades forestales se encuentra en el desarrollo de claves diagnósticas, que se basan en especies indicadoras prominentes y permiten la identificación de campo de diferentes tipos de bosques [s150]. Un guardabosques experimentado puede así determinar el tipo de bosque ya a través del análisis de unas pocas especies menos características y tomar decisiones de gestión adecuadas. La clasificación también permite la documentación de tipos de vegetación raros y, por lo tanto, apoya la conservación de la naturaleza [s151]. Los propietarios forestales pueden desarrollar medidas de protección específicas para especies y hábitats amenazados mediante el conocimiento de las comunidades forestales presentes en sus terrenos. Particularmente importante para el trabajo práctico es la comprensión de la correlación entre las comunidades forestales y los factores ambientales locales. Los niveles de clasificación más bajos se correlacionan con gradientes locales de humedad y nutrientes para comunidades terrestres [s151]. Un guardabosques puede utilizar estas relaciones para evaluar, por ejemplo, la vulnerabilidad de ciertos stocks al estrés hídrico. La ecología forestal moderna considera las comunidades forestales como sistemas dinámicos que se desarrollan en función de las condiciones ambientales y las perturbaciones [s152]. En Maryland, por ejemplo, se han clasificado 79 grupos de comunidades ecológicas y 226 tipos de comunidades, lo que ilustra la enorme diversidad de los ecosistemas forestales. Para la gestión forestal práctica, esto significa que los guardabosques y propietarios forestales deben adaptar sus estrategias de gestión a las características específicas de cada comunidad forestal. El conocimiento de la dinámica natural de la vegetación y de los potenciales del sitio permite una gestión forestal cercana a la naturaleza, que considera tanto objetivos ecológicos como económicos.

Hábitats forestales [i25]

Ecología forestal [i26]

Glosario

Asociación de plantas
Un grupo definido de especies vegetales que aparecen regularmente juntas y tienen demandas ambientales similares. Constituyen la unidad más pequeña en la clasificación de la vegetación.

Sucesión
Describe la secuencia temporal natural de diferentes comunidades vegetales en un sitio, donde la composición de especies cambia gradualmente.

terrestre
Se refiere a hábitats y organismos de la tierra firme, en contraste con hábitats acuáticos (ligados al agua).

4. 1. 3. Conectividad de biotopos

La conectividad de biotopos juega un papel central en la conservación de la biodiversidad en los ecosistemas forestales. Describe el grado de conexión entre diferentes hábitats naturales en el paisaje y es crucial para la conservación de especies con alta necesidad de protección [s153]. En la práctica, esto significa que los propietarios de bosques y los silvicultores deben pensar más allá de los límites de las parcelas forestales individuales. Una red ecológica funcional consta de tres componentes principales: áreas núcleo, zonas de amortiguamiento y corredores ecológicos [s154]. Las áreas núcleo suelen ser zonas protegidas por ley o se gestionan de manera adecuada. Un ejemplo sería un antiguo bosque de hayas con un alto porcentaje de madera muerta, que está designado como reserva natural. Alrededor de estas áreas núcleo, se deben establecer zonas de amortiguamiento, como bordes forestales extensivos o bosques de gestión cercana a la naturaleza, que ofrezcan protección adicional. Los corredores ecológicos, como tercer componente, son especialmente importantes para la funcionalidad del sistema. Permiten el intercambio genético entre poblaciones y deben estar dimensionados adecuadamente [s154]. En la práctica, esto puede ser, por ejemplo, franjas de bosque que conectan dos áreas forestales más grandes. Los silvicultores deben considerar las necesidades de las especies objetivo al planificar tales corredores; para mamíferos grandes como los ciervos rojos, los corredores deben ser más anchos que para especies forestales pequeñas. La creciente fragmentación de los hábitats naturales representa un gran desafío [s155]. Para contrarrestar esto, se ha desarrollado un proceso de cuatro etapas para integrar la conectividad ecológica: primero se definen los requisitos esenciales, luego se lleva a cabo la adquisición de conocimientos, seguida de la definición de la red ecológica y, finalmente, su implementación [s155]. Los propietarios de bosques pueden orientarse en este esquema si desean mejorar la conectividad de biotopos en sus terrenos. Para la implementación práctica de la conectividad de biotopos, es importante identificar redes de hábitats. Se utilizan diversos métodos científicos, como la modelización de costos mínimos o modelos de teoría de grafos [s156]. Un silvicultor no necesita entender estos métodos en detalle, pero debe conocer los principios básicos para poder seleccionar áreas adecuadas para las medidas de conectividad. La planificación de la conectividad ecológica adquiere especial relevancia en el contexto del cambio climático [s157]. Las especies deben tener la oportunidad de adaptarse a las condiciones climáticas cambiantes migrando a áreas más adecuadas. Los propietarios de bosques pueden apoyar esto, por ejemplo, eligiendo especies de árboles resilientes al clima en las reforestaciones y creando corredores migratorios para especies de animales y plantas. Un aspecto práctico importante es fomentar la conectividad funcional mediante la protección de usos del suelo existentes y de bajo costo entre hábitats [s156]. Esto podría significar conservar pastizales forestales extensivos o bordes de bosque cercanos a la naturaleza, en lugar de convertirlos en silvicultura intensiva. Tales áreas pueden servir como "piedras de paso" para especies migratorias. La integración de áreas protegidas en una gestión más amplia de tierras y mares es esencial para la exitosa conservación de la biodiversidad [s154]. Por lo tanto, los silvicultores y propietarios de bosques deben colaborar con otros usuarios del suelo, autoridades de conservación y grupos de interés para optimizar la conectividad de biotopos más allá de las fronteras de propiedad. Los desafíos de la conectividad ecológica requieren un trabajo de red espacial integrado a través de diferentes regiones [s157]. En la práctica, esto significa que las medidas locales de conectividad deben estar integradas en conceptos regionales más amplios. Un solo propietario de bosque, por ejemplo, puede coordinar sus medidas con los vecinos y orientarse en las planificaciones de conectividad de biotopos superiores.

Conectividad de biotopos
Un concepto de planificación del paisaje que describe la conexión de hábitats aislados a través de estructuras adecuadas como setos, puentes verdes o cursos de agua. Esto permite a animales y plantas migrar entre diferentes hábitats.

Fragmentación
Proceso de división de hábitats contiguos en parcelas más pequeñas e isoladas, generalmente debido a intervenciones humanas como la construcción de carreteras o el desarrollo urbano.

4. 1. 4. Diseño de bordes forestales

El borde del bosque representa una zona de transición entre el bosque y la tierra abierta, constituyendo un hábitat especialmente valioso que puede ser ecológicamente mejorado mediante un diseño específico [s158]. La estructuración del borde del bosque debe realizarse en etapas, idealmente desarrollándose un borde de hierbas y hierbas sobre una franja de arbustos hasta llegar al manto forestal [s159]. Para la implementación práctica de un diseño de borde forestal cercano a la naturaleza, se recomienda un enfoque escalonado. En primer lugar, se debe analizar la situación existente, prestando especial atención al ancho de la zona de transición y a la vegetación presente. Como regla general, un borde forestal ecológicamente valioso debe tener al menos 15-30 metros de ancho [s159]. Al crear o remodelar un borde forestal, es importante, en primer lugar, generar luz para el desarrollo de la capa de arbustos mediante la extracción selectiva de árboles en el borde del bosque. El llamado "Edge Feathering" ha demostrado ser un método especialmente efectivo [s158]. Esto implica crear estructuras específicas que permitan una transición fluida. En la práctica, esto significa, por ejemplo, la creación de montones de ramas a partir de los restos de la gestión del borde del bosque, que representan hábitats importantes para aves, pequeños mamíferos y reptiles. Los propietarios de bosques pueden establecer diferentes alturas de vegetación mediante una gestión hábil, lo que permite el desarrollo de diversas nichos ecológicos. La elección de especies en el diseño del borde forestal debe orientarse a las condiciones del sitio y preferir especies nativas. Son especialmente valiosos los arbustos que florecen temprano, como

Microhábitats [i27]

Borde del bosque [i28]

el endrino, el espino o el saúco, que sirven como primera fuente de alimento para los insectos en primavera [s158]. En el mantenimiento, se debe tener en cuenta que no se debe trabajar en todo el borde del bosque al mismo tiempo, sino de manera segmentada a lo largo de varios años. Un aspecto a menudo subestimado es la importancia de la exposición del borde del bosque. Los bordes forestales orientados al sur ofrecen condiciones de hábitat especiales debido a una mayor radiación solar y deben ser diseñados más amplios que los orientados al norte [s159]. Los practicantes deben considerar esto al planificar y ajustar las medidas de mantenimiento en consecuencia. La definición de la línea de borde exacta puede representar un desafío en la práctica, especialmente cuando la vegetación transita gradualmente hacia una zona de transición [s159]. Aquí se recomienda trazar el límite donde se encuentran los primeros árboles con altura de copa completa. A partir de este punto, se puede planificar el diseño de la zona de transición. Para la gestión de la fauna silvestre, es importante que los bordes forestales no se diseñen como límites nítidos, sino como amplias zonas de transición [s158]. Esto se puede lograr mediante la conservación selectiva de árboles individuales o grupos de árboles en la zona de transición. Además, se deben integrar elementos estructurales como madera muerta o montones de piedras, que crean microhábitats adicionales. El mantenimiento regular es crucial para el éxito a largo plazo del diseño del borde forestal. Un ciclo de mantenimiento de aproximadamente 5-7 años ha demostrado ser efectivo, trabajando solo en áreas parciales para garantizar la continuidad del hábitat. Los propietarios de bosques pueden fomentar la biodiversidad mediante intervenciones selectivas y, al mismo tiempo, obtener valiosa leña.

Edge Feathering

Una técnica de gestión de bordes forestales originaria de América del Norte, desarrollada originalmente para mejorar el hábitat de los pavos salvajes. El método implica la tala selectiva de árboles de borde en un ángulo de 45 grados con respecto al borde del bosque.

Resumen - 4. 1. Ecosistemas forestales

- Los ecosistemas forestales atraviesan cuatro fases de desarrollo características, comenzando con la iniciación del stand hasta la fase de exclusión del tronco.
- La dinámica del bosque distingue tres categorías principales: dinámica de edad uniforme, dinámica de cohortes y dinámica de claros.
- En los bosques secundarios, los árboles crecen más altos y desarrollan copas más estrechas que en los bosques primarios, con un diámetro de 10-25 cm.
- Por hectárea, deberían existir al menos 20-30 metros cúbicos de madera muerta en diferentes etapas de descomposición.
- Los bosques de todas las edades se desarrollan a lo largo de varios cientos de años a través de perturbaciones a pequeña escala.
- La clasificación de las comunidades forestales se realiza de manera sistemática, desde categorías estructurales generales hasta asociaciones de plantas detalladas.
- En Maryland, se han clasificado 79 grupos comunitarios ecológicos y 226 tipos de comunidades.
- Una red ecológica funcional consiste en áreas centrales, zonas de amortiguamiento y corredores ecológicos.
- El "Edge Feathering" ha demostrado ser un método efectivo para el diseño de bordes forestales.
- Los bordes forestales orientados al sur requieren una mayor extensión que los orientados al norte.
- Un borde forestal de valor ecológico debería tener al menos 15-30 metros de ancho.
- El ciclo de cuidado óptimo para los bordes forestales es de 5-7 años.

4. 2. 0. Gestión sostenible

La gestión sostenible de los bosques enfrenta desafíos complejos: ¿Cómo se puede conciliar la creciente demanda de madera con la conservación de ecosistemas forestales vitales? ¿Qué papel juegan los métodos de gestión tradicionales en tiempos de cambio climático? ¿Y cómo podemos asegurar que las futuras generaciones también se beneficien de las diversas funciones del bosque? Las respuestas a estas preguntas requieren una comprensión profunda de las interrelaciones ecológicas del bosque, así como experiencia práctica en la gestión forestal. Los conceptos modernos de cuidado del bosque combinan conocimientos científicos con prácticas forestales probadas. Tienen en cuenta tanto las necesidades económicas de los propietarios de bosques como las necesidades ecológicas del ecosistema forestal. Los siguientes apartados iluminan aspectos centrales de la gestión forestal sostenible, desde conceptos sistemáticos de aclarado hasta la promoción de la regeneración natural y estrategias integrativas de protección forestal. Estos métodos forman la base para el desarrollo de bosques sostenibles que satisfacen las diversas demandas de nuestra sociedad.

> *„En plantaciones jóvenes se recomienda un ciclo de aclarado de 4-6 años, mientras que en plantaciones más viejas son habituales intervalos de aproximadamente 10 años."*

4. 2. 1. Conceptos de raleo

Los conceptos de raleo son un componente central de la gestión forestal sostenible y se basan en la comprensión fundamental de la capacidad de carga de un ecosistema forestal [s160]. Esta medida silvicultural implica la eliminación selectiva de árboles individuales para permitir condiciones óptimas de crecimiento a los ejemplares restantes, al mismo tiempo que se persiguen diversos objetivos ecológicos y económicos [s161]. En la práctica, se distinguen cinco métodos principales de raleo: el raleo bajo, el cuidado de las copas, el raleo selectivo, el raleo mecánico en hileras y el raleo libre [s160]. La elección del método adecuado depende de diversos factores, como los objetivos específicos de gestión, las condiciones del mercado de madera y la calidad del respectivo bosque [s161]. Un forestal experimentado, por ejemplo, realizará inicialmente un raleo bajo en un bosque joven de abetos con alta densidad de troncos para eliminar árboles suprimidos y dañados. La intensidad del raleo juega un papel decisivo y debe ajustarse cuidadosamente a las condiciones locales. En bosques jóvenes, se recomienda un ciclo de raleo de 4-6 años, mientras que en bosques más viejos son habituales intervalos de aproximadamente 10 años [s161]. Un ejemplo práctico: en un bosque de hayas de 30 años, el primer raleo debería eliminar alrededor del 20-25% de la cantidad de troncos para proporcionar suficiente espacio de crecimiento a los árboles restantes, sin comprometer la estabilidad del bosque. Los conceptos modernos de raleo se centran cada vez más en aumentar la diversidad estructural de los bosques [s162]. Esto es especialmente relevante en bosques de la misma edad, donde se puede crear una estructura forestal multicapa mediante intervenciones selectivas. Un enfoque práctico para esto es el raleo de densidad variable, donde se crean áreas con diferentes grados de raleo para fomentar la diversidad ecológica [s163]. El raleo cumple varias funciones importantes: reduce la competencia entre los árboles, mejora la resistencia a plagas y enfermedades, y permite la promoción selectiva de árboles de alta calidad [s160]. En la práctica, esto significa, por ejemplo, que al realizar el raleo en un bosque de robles, se seleccionan y promueven intencionadamente los árboles más vitales con copas bien formadas como árboles futuros. El raleo también tiene una importancia especial en la gestión forestal urbana [s164]. Aquí, los conceptos deben adaptarse a los desafíos específicos del bosque urbano, como la función recreativa y la seguridad vial. Un ejemplo concreto es el raleo más intensivo a lo largo de los senderos, para garantizar la estabilidad de los árboles. El raleo sostenible considera no solo aspectos económicos, sino también ecológicos [s165]. Por ejemplo, se conservan intencionadamente árboles hábitat y se dejan partes de madera muerta para fomentar la biodiversidad. Un concepto de raleo equilibrado crea así un valor añadido tanto para los propietarios de bosques como para la conservación de la naturaleza y los buscadores de recreo. Para la implementación exitosa de los conceptos de raleo, es esencial un monitoreo y ajuste continuo de las medidas [s164]. Esto permite reaccionar de manera flexible a cambios como el cambio climático o nuevos conocimientos en la gestión forestal. Un ejemplo práctico de esto es el ajuste de la intensidad del raleo en áreas con creciente estrés hídrico, para optimizar el suministro de agua a los árboles restantes.

Glosario

Raleo selectivo

Método de raleo selectivo en el que se seleccionan árboles individuales según ciertos criterios de calidad, como la forma del tronco, la vitalidad y el rendimiento de crecimiento, y se eliminan sus competidores directos.

Árbol hábitat

Árboles especialmente viejos o ecológicamente valiosos con cavidades, grietas u otras estructuras que sirven como hábitat para diversas especies de animales y plantas y que se conservan intencionadamente en el bosque.

Raleo bajo

Un método de raleo en el que se eliminan principalmente árboles débiles, de calidad inferior y de sotobosque de las capas inferiores del bosque, mientras que se conservan los árboles dominantes de la capa superior.

4. 2. 2. Regeneración natural

La regeneración natural representa un proceso fundamental de la gestión forestal sostenible y contribuye significativamente a la resiliencia de los ecosistemas forestales [s166]. A diferencia de las medidas de reforestación artificial, este método utiliza la siembra natural de los árboles, lo que permite el desarrollo de descendencia genéticamente adaptada al sitio. La implementación exitosa de la regeneración natural requiere un profundo entendimiento de los diferentes sistemas silviculturales. Los sistemas de edad desigual favorecen el desarrollo de especies tolerantes a la sombra como el haya o el abeto, mientras que los sistemas de edad uniforme son especialmente adecuados para especies que requieren luz como el pino o el roble [s167]. En la práctica, esto significa que los silvicultores deben considerar las necesidades específicas de luz de las especies de árboles deseadas al planificar las medidas de regeneración. Un papel central lo desempeña la gestión dirigida de la entrada de luz a través de métodos de corta selectiva. Este método permite mantener una estructura forestal cerrada mientras se proporciona suficiente luz para la germinación de las semillas [s166]. Un ejemplo práctico de esto es la creación de pequeños claros de luz en un bosque maduro de haya: mediante la extracción selectiva de algunos árboles viejos, se generan condiciones óptimas de luz para el desarrollo de la regeneración natural, sin poner en peligro la protección del bosque. El suelo del bosque merece una atención especial como lecho de germinación. La perturbación del suelo debe ser cuidadosamente planificada, ya que las capas orgánicas son esenciales para la regeneración de la vegetación [s167]. En la práctica, se recomienda, por ejemplo, una herida superficial del suelo en otoño antes de un año de semillas esperado, para optimizar las condiciones de germinación. Al regenerar bosques de roble, es importante tener en cuenta que la fase de regeneración puede durar hasta 20 años [s168]. Este proceso a largo plazo requiere un enfoque de planificación coordinado y un mantenimiento continuo. Un enfoque probado es la aclaración gradual del bosque maduro durante varios años, combinada con medidas específicas para controlar la vegetación competidora. La integración de conocimientos científicos en la gestión forestal práctica es de suma importancia [s169]. Los sistemas de gestión modernos consideran múltiples objetivos como la producción de madera, la conservación de hábitats y los servicios ecosistémicos. Un ejemplo concreto es la combinación de la regeneración natural con la conservación de árboles de hábitat, logrando así objetivos tanto económicos como ecológicos. Investigaciones experimentales demuestran que los métodos de corta selectiva no solo aumentan las tasas de crecimiento de los árboles viejos restantes, sino que también conducen a una mayor densidad de regeneración natural [s166]. En la práctica forestal, por ejemplo, se ha comprobado la eficacia del método de corta en grupos, donde la utilización grupal crea estructuras en mosaico que generan condiciones ideales para la regeneración natural de diversas especies de árboles. El establecimiento exitoso de la regeneración natural requiere un monitoreo continuo y, si es necesario, intervenciones reguladoras. Especialmente en la fase temprana de desarrollo, es importante un control regular de las áreas de regeneración para poder reaccionar a tiempo ante desarrollos no deseados como el daño excesivo por fauna silvestre o la competencia problemática de la vegetación.

Corta por bosquetes [i29]

Corta en grupos
Un método de regeneración forestal a pequeña escala, donde se extraen árboles en grupos de 0,1 a 0,5 hectáreas para imitar estructuras forestales naturales

Resiliencia
La capacidad de un sistema para regresar a su estado original después de perturbaciones y adaptarse a condiciones cambiantes

4. 2. 3. Protección forestal

La protección forestal, como parte integral de la gestión forestal sostenible, requiere un enfoque holístico que considere aspectos ecológicos, económicos y sociales [s170]. La complejidad de esta tarea se refleja en la diversidad de amenazas a las que se enfrentan nuestros bosques, desde especies invasoras hasta el cambio climático y la gestión no sostenible. Un pilar central de la protección forestal moderna es el monitoreo continuo de la salud del bosque. Aquí, los expertos forestales desempeñan un papel clave al realizar controles regulares y detectar amenazas de manera temprana [s171]. En la práctica, esto significa, por ejemplo, la recopilación sistemática de datos sobre infestaciones de plagas o síntomas de enfermedades. Un enfoque probado es el establecimiento de parcelas de observación permanente, donde se documentan los cambios en la salud del bosque a lo largo de períodos prolongados. La protección contra incendios forestales se ha convertido en un aspecto cada vez más importante [s172]. Los conceptos modernos de protección forestal integran el fuego como un factor ecológico natural. En la práctica, esto implica, por ejemplo, la creación de cortafuegos o la realización controlada de quemas prescritas para reducir la carga de combustible. Un ejemplo de esto es la eliminación selectiva de madera muerta en áreas especialmente vulnerables, mientras que en otras zonas se deja intencionadamente la madera muerta como un hábitat importante. La conservación de la biodiversidad es otro aspecto central de la protección forestal [s173]. Esto no solo incluye la protección de especies individuales, sino también la preservación de ecosistemas forestales completos. En la práctica forestal, esto se implementa mediante la designación de células de bosque natural o la conservación de islas de árboles viejos. Un ejemplo concreto es el establecimiento de grupos de árboles hábitat, donde se excluyen intencionadamente de la explotación los árboles viejos con cavidades u otras estructuras valiosas. La protección contra especies invasoras tiene una importancia especial [s170]. Aquí se requiere una estrecha colaboración entre diversos actores para prevenir o contener la propagación de especies no autóctonas. En la práctica, se ha demostrado que el establecimiento de redes de monitoreo permite la detección temprana y una rápida respuesta a nuevas invasiones. La adaptación al cambio climático presenta nuevos desafíos para la protección forestal [s171]. Esto incluye el desarrollo de estrategias para aumentar la resiliencia de los ecosistemas forestales. Un enfoque práctico es la promoción de especies de árboles adaptadas al clima y la creación de bosques mixtos con una rica estructura. Por ejemplo, en poblaciones de abeto en peligro, se fomenta la introducción de especies resistentes a la sequía, como el pino de Douglas o el roble. Un aspecto importante de la protección forestal moderna es también la inclusión de la población local [s174]. A través de ofertas educativas e informativas, se fomenta la comprensión de la importancia de los bosques saludables. Ejemplos prácticos de esto son las excursiones guiadas por el bosque o la creación de senderos educativos que ilustran los diversos aspectos de la protección forestal. La gestión sostenible de los bosques de protección requiere una atención especial [s175]. Estos bosques cumplen funciones importantes, como la protección contra la erosión o las avalanchas. En la práctica, esto a menudo significa renunciar a un uso intensivo en favor de la función de protección. Un ejemplo es la explotación de árboles individuales en áreas de pendiente, para no comprometer la estabilidad del bosque.

Célula de bosque natural

Áreas forestales designadas que se excluyen completamente de la explotación forestal y se dejan a la evolución natural, para servir como áreas de referencia para la investigación forestal.

Grupo de árboles hábitat

Agrupación de varios árboles ecológicamente valiosos, que se protegen permanentemente como hábitat para especies amenazadas como pájaros carpinteros, murciélagos o insectos xilófagos.

Quemas prescritas

Un método de gestión de incendios controlado, en el que se encienden intencionadamente fuegos bajo condiciones establecidas y en momentos específicos para regular la vegetación y imitar procesos naturales.

Resumen - 4. 2. Gestión sostenible

- Los ciclos de aclarado son de 4-6 años en bosques jóvenes y de 10 años en bosques más viejos.
- En bosques de haya de 30 años, el primer aclarado debe extraer el 20-25% del número de troncos.
- La aclaración de densidad variable crea áreas intencionadamente aclaradas de manera diferente para promover la diversidad ecológica.
- La fase de regeneración de los bosques de roble puede durar hasta 20 años.
- El método de corte en grupos genera estructuras en mosaico mediante el uso grupal para una regeneración natural óptima.
- Los sistemas de edad desigual favorecen especies tolerantes a la sombra como el haya y el abeto, mientras que los sistemas de edad uniforme promueven especies que requieren luz como el pino y el roble.
- La herida superficial del suelo en otoño antes de los años de semillas optimiza las condiciones de germinación.
- La quema prescrita se utiliza para la reducción controlada de la carga de combustible.
- Los grupos de árboles hábitat se excluyen intencionadamente del uso para conservar estructuras valiosas.
- El uso de troncos individuales en pendientes asegura la estabilidad de los bosques de protección.

4. 3. 0. Planificación forestal

La planificación forestal se enfrenta hoy al desafío de conciliar diversas demandas sobre el bosque: ¿Cómo se puede conciliar una producción sostenible de madera con los objetivos de conservación de la naturaleza? ¿Qué papel juegan las tecnologías modernas en la recopilación y supervisión de los recursos forestales? ¿Y cómo se pueden diseñar los bosques de manera sostenible ante el cambio climático? La planificación sistemática de las medidas forestales se basa en tres pilares: la recopilación detallada de datos sobre el estado del bosque, la comprensión de los procesos naturales de desarrollo forestal y la cartografía precisa de los recursos forestales. En los últimos años, el espectro metodológico se ha ampliado significativamente gracias a tecnologías digitales como el escaneo láser terrestre y los métodos de análisis basados en SIG. La integración de la experiencia forestal tradicional con herramientas de planificación modernas abre nuevas posibilidades para una gestión forestal científicamente fundamentada y, al mismo tiempo, orientada a la práctica, un desarrollo que tiene el potencial de transformar fundamentalmente la silvicultura.

„La recopilación de inventarios es la base de la planificación forestal y es esencial para una gestión forestal sostenible."

4. 3. 1. Inventario de existencias

El inventario de existencias constituye la base de la planificación forestal y es esencial para una gestión forestal sostenible. Incluye diversos métodos y técnicas para la recolección sistemática de recursos forestales, utilizando tanto tecnologías tradicionales como modernas [s176]. En la práctica, el inventario de existencias comienza con la medición de características básicas de los árboles. Se registran diferentes parámetros como el diámetro a la altura del pecho, la altura del árbol y la inserción de la copa [s177]. Un forestal experimentado utiliza, por ejemplo, una cinta métrica para el diámetro y un altímetro para la altura del árbol. Es importante proceder de manera sistemática y documentar las mediciones en un protocolo estandarizado. Las tecnologías modernas como el escaneo láser terrestre (TLS) revolucionan el inventario de existencias. Este método permite una recolección más precisa de la estructura del bosque, identificando en promedio un 2,7% más de árboles que los métodos convencionales [s176]. En la práctica, el escáner se coloca en diferentes ubicaciones dentro del bosque para generar una nube de puntos 3D completa. Estos datos permiten un análisis detallado de la estructura y composición del inventario. Un aspecto importante del inventario de existencias es la determinación del crecimiento anual (CAI). Para ello, se aplican diferentes métodos, siendo la medición del crecimiento en diámetro y altura fundamental [s178]. En la práctica, a menudo se utilizan taladros de crecimiento para determinar el crecimiento en diámetro, mientras que los crecimientos en altura se estiman mediante mediciones repetidas o curvas de crecimiento específicas. Se presta especial atención a la salud del bosque. Para ello, se realizan exámenes de salud específicos, que idealmente tienen lugar entre julio y septiembre, cuando los síntomas de daño son más evidentes [s179]. Se observa, por ejemplo, la infestación de plagas, enfermedades o daños abióticos. Un forestal capacitado documenta la especie y el grado de los daños, así como sus posibles efectos en el inventario. La recolección de la regeneración natural es otro componente importante. Se consideran diferentes métodos de regeneración, como la tala rasa, el método de árbol semilla o el método de sombrilla [s180]. En la práctica, se establecen parcelas de prueba donde se registra la cantidad y calidad de la regeneración natural. La tasa de reclutamiento varía considerablemente según el tipo de manejo, desde un promedio de 7,6 árboles por hectárea y año en bosques de selección hasta 26,1 árboles en bosques de shelterwood irregulares [s181]. En los bosques urbanos, el inventario de existencias requiere adaptaciones especiales debido a los desafíos específicos en áreas urbanas [s182]. Aquí, deben considerarse factores adicionales como el uso recreativo, la seguridad vial y la presencia de especies invasoras. Un monitoreo sistemático es especialmente importante para poder reaccionar a los cambios de manera oportuna. La precisión y consistencia del inventario son de suma importancia, ya que los datos recopilados constituyen la base para decisiones de gestión cruciales [s183]. Por lo tanto, es esencial utilizar métodos de recolección estandarizados y capacitar regularmente al personal. Los datos recopilados se integran en el inventario de recursos vegetales y sirven para la actualización de planes de manejo forestal y la planificación de medidas de cuidado del bosque.

Glosario

Incremento Anual Actual
Un indicador forestal que describe el crecimiento de madera dentro de un año. Se utiliza para evaluar la productividad del bosque y para cálculos de rendimiento.

Escaneo láser terrestre
Un método de medición 3D óptico que utiliza tecnología láser para escanear el entorno y crear modelos de superficie con precisión milimétrica. El método permite la medición sin contacto de estructuras complejas.

Shelterwood
Un sistema de manejo forestal en el que se eliminan gradualmente los árboles viejos, mientras aún proporcionan sombra y protección para el nuevo crecimiento. Esto fomenta la regeneración natural en condiciones controladas.

4. 3. 2. Desarrollo del bosque

El desarrollo del bosque sigue patrones naturales complejos que difieren notablemente de los modelos lineales simplificados. Especialmente en los bosques primarios de haya, se observa un desarrollo continuo que no se puede dividir fácilmente en etapas claramente definidas [s184]. Este conocimiento tiene amplias consecuencias para la silvicultura práctica, ya que requiere un enfoque más flexible y adaptativo en la gestión forestal. En la región boreal, se han identificado cuatro tipos principales de desarrollo del bosque: dinámica de cambio composicional de edad uniforme, dinámica monodominante de edad uniforme, kohortendynamik y dinámica de huecos de grano fino [s185]. Un silvicultor debe conocer estos diferentes caminos de desarrollo y tenerlos en cuenta al planificar medidas de gestión. Por ejemplo, la dinámica de huecos requiere intervenciones diferentes a las del desarrollo de edad uniforme. La complejidad del desarrollo del bosque se describe mediante el concepto de ciclo adaptativo, que abarca las propiedades de potencial, conectividad y resilienz [s186]. En la práctica, esto significa que los silvicultores pueden fortalecer la resiliencia de sus poblaciones mediante medidas específicas. Un ejemplo sería fomentar la diversidad estructural a través de la selección de tala. La atención especial merece el desarrollo de los bosques de roble, que desempeñan un papel importante en muchas regiones. Su gestión sostenible se basa en dos pilares: regeneración y reclutamiento [s187]. En la práctica, esto significa que no solo se debe fomentar la regeneración natural, sino también garantizar la supervivencia y el crecimiento de los jóvenes árboles hasta el espacio de la copa. Un silvicultor experimentado, por ejemplo, mejorará la competitividad de la regeneración de roble mediante aclarados selectivos.

La importancia de los bosques antiguos para la biodiversidad se reconoce cada vez más [s188]. Por lo tanto, la planificación forestal debería fomentar el desarrollo de los antiguos bosques. En la práctica, esto puede lograrse mediante la designación de islas de árboles viejos o la conservación de habitatbaeumen. Un ejemplo concreto sería dejar al menos 5-10 árboles hábitat por hectárea. Los modelos conceptuales de desarrollo del bosque son importantes para la comunicación y la planificación [s189], pero no deben ser demasiado simplistas. Un enfoque moderno considera tanto los cambios dirigidos a largo plazo como las dinámicas cíclicas a corto plazo. En la práctica, esto significa que los silvicultores deben reaccionar de manera flexible a los cambios y ajustar continuamente sus estrategias de gestión. El desarrollo natural del bosque muestra múltiples caminos sucesivos [s190], lo que subraya la necesidad de un enfoque de gestión diferenciado. Por lo tanto, los silvicultores deberían incluir diferentes escenarios de desarrollo en su planificación y preparar opciones de acción correspondientes. Un ejemplo práctico sería el desarrollo de diferentes variantes de aclarado para diferentes escenarios de desarrollo. La investigación sobre perturbaciones, sucesión y desarrollo estructural [s191] proporciona información valiosa para la silvicultura práctica. Por ejemplo, los conocimientos sobre el efecto de los árboles de reserva en la regeneración pueden incorporarse directamente en los conceptos de regeneración. Un enfoque de acción concreto sería ajustar la distribución espacial de los árboles semilleros basándose en hallazgos científicos.

árboles hábitat [i30]

Glosario

Sucesión

Secuencia temporal de diferentes comunidades vegetales en un sitio, donde la composición de especies cambia gradualmente

4. 3. 3. Cartografía

La cartografía es un componente fundamental de la planificación forestal y ha evolucionado significativamente gracias a las tecnologías modernas. Los sistemas de información geográfica (GIS) constituyen hoy en día la columna vertebral de la cartografía forestal y permiten una captura y análisis espacial precisos de los recursos forestales [s192]. En la aplicación práctica, la cartografía a menudo comienza con la interpretación de imágenes aéreas. Este método proporciona una visión general inicial del área forestal y ayuda en la identificación de diferentes tipos de existencias, clases de edad y zonas problemáticas potenciales [s193]. Un forestal experimentado puede, por ejemplo, deducir a partir de la estructura de las copas en las imágenes aéreas las primeras conclusiones sobre la composición de la masa forestal y marcar áreas críticas para la posterior inspección del terreno. El inventario forestal moderno utiliza cada vez más herramientas de cartografía digitales que permiten una captura y análisis precisos de los recursos forestales [s194]. En la práctica, esto significa que los forestales trabajan en el campo con dispositivos basados en GPS y pueden registrar sus mediciones directamente de forma digital. Por ejemplo, se miden los límites de las existencias, se marcan árboles hábitat individuales o se documentan áreas dañadas. Estos datos se transfieren posteriormente al sistema GIS y forman la base para análisis adicionales. Un enfoque particularmente innovador es la combinación de levantamientos terrestres con datos de teledetección [s194]. En este caso, las imágenes de satélites o drones se combinan con datos de campo para obtener una imagen completa de la masa forestal. En la práctica, un forestal puede utilizar imágenes de drones para cartografiar áreas de difícil acceso o evaluar el estado de salud de los árboles en áreas más extensas. La cartografía de los cambios en el uso del suelo juega un papel cada vez más importante, especialmente en el contexto del cambio climático y el desarrollo forestal [s195]. Las herramientas GIS modernas permiten analizar los cambios en la cobertura de las copas de los árboles a lo largo del tiempo e identificar tendencias en el desarrollo del bosque. Un ejemplo práctico es la creación de análisis de series temporales que proporcionan información sobre el desarrollo de los bordes del bosque o la expansión de áreas dañadas. Para la planificación de la cosecha de madera, una cartografía precisa es esencial [s193]. No solo se registran los límites de las existencias, sino que también se trazan caminos de extracción, lugares de acopio y áreas sensibles como fuentes o biotopos. Un forestal experimentado, por ejemplo, utilizará el mapa digital al planificar las medidas de cosecha de madera para establecer líneas de extracción óptimas, considerando tanto aspectos económicos como ecológicos. La integración de diversas fuentes de datos en un GIS permite realizar análisis espaciales complejos y tomar decisiones de gestión fundamentadas [s194]. Por ejemplo, se pueden combinar datos de ubicación con información sobre la vegetación y la historia de uso para desarrollar estrategias de manejo óptimas. Un ejemplo concreto sería la identificación de áreas adecuadas para la regeneración natural de ciertas especies de árboles basándose en el análisis de diversos factores de ubicación. La cartografía de los servicios ecosistémicos está ganando cada vez más importancia [s195]. Las herramientas GIS modernas permiten capturar y evaluar espacialmente, además de los parámetros forestales clásicos, servicios como el almacenamiento de carbono, la protección del agua o la función recreativa. En la práctica, esta información puede utilizarse, por ejemplo, para planificar medidas de compensación o optimizar el uso multifuncional del bosque.

Imágenes de drones [i31]

Camino de extracción

Caminos establecidos en el bosque, que se crean a intervalos regulares y están destinados exclusivamente a máquinas forestales para la cosecha y el transporte de madera

Sistema de Información Geográfica

Un sistema basado en computadoras para la captura, gestión, análisis y visualización de datos geográficos, que consiste en hardware, software, datos y aplicaciones

Lugar de acopio

Lugares de almacenamiento especialmente designados en el borde del bosque o en caminos forestales, donde la madera cosechada se almacena temporalmente y se prepara para su transporte

Resumen - 4. 3. Planificación forestal

- La captura de inventario mediante escaneo láser terrestre identifica un 2,7% más de árboles en promedio que los métodos convencionales.
- La tasa de reclutamiento en los bosques varía de 7,6 árboles por hectárea en bosques de selección hasta 26,1 árboles en bosques de refugio irregulares.
- Las inspecciones de salud se realizan de manera óptima entre julio y septiembre, cuando los síntomas de daño son más evidentes.
- En los bosques boreales existen cuatro tipos principales de desarrollo forestal: dinámica de cambio composicional de edad uniforme, dinámica monodominante de edad uniforme, dinámica de cohortes y dinámica de huecos de grano fino.
- El desarrollo forestal sigue el ciclo adaptativo con las características de potencial, conectividad y resiliencia.
- Para la conservación de la biodiversidad se recomiendan de 5 a 10 árboles hábitat por hectárea.
- El desarrollo del bosque de robles se basa en dos pilares principales: regeneración y reclutamiento.
- Los sistemas GIS modernos permiten la integración de levantamientos terrestres con datos de teledetección para una cartografía forestal precisa.
- La cartografía incluye, además de parámetros clásicos, cada vez más servicios ecosistémicos como el almacenamiento de carbono y la protección del agua.
- La interpretación de imágenes aéreas permite hacer las primeras inferencias sobre la composición del bosque y áreas críticas antes de la visita al terreno.

Revisión - 4. Aspectos forestales

- La formación del stock sigue patrones complejos con cuatro fases características y tres categorías principales de dinámica forestal.
  En los bosques tropicales, los árboles con un diámetro de 10-25 cm desarrollan copas más altas y estrechas que en los bosques primarios.
  Por hectárea, deberían estar presentes al menos 20-30 metros cúbicos de madera muerta en diferentes etapas de descomposición.
  Las comunidades forestales se clasifican de manera sistemática y jerárquica, desde estructuras gruesas hasta asociaciones de plantas detalladas.
  La clasificación nacional de la vegetación permite descripciones estandarizadas de comunidades vegetales.
  En Maryland, se han clasificado 79 grupos comunitarios ecológicos y 226 tipos de comunidades.
  Un borde forestal ecológicamente valioso debería tener al menos 15-30 metros de ancho.
  Los bordes forestales expuestos al sur requieren una mayor extensión debido a la mayor radiación solar en comparación con los expuestos al norte.
  La intensidad de la thinnings requiere ciclos de 4-6 años en plantaciones jóvenes y aproximadamente 10 años en plantaciones más viejas.
  En una plantación de hayas de 30 años, la primera thinning debería extraer el 20-25% del número de troncos.
  La tasa de reclutamiento varía de 7,6 árboles por hectárea y año en plantaciones de selección a 26,1 árboles en plantaciones de shelterwood irregulares.
  El escaneo láser terrestre permite una identificación de árboles un 2,7% más precisa que los métodos convencionales.

Ofertas adicionales gratuitas planificadas

Nos complace poder ofrecerle en el futuro materiales complementarios gratuitos para este libro:

- Un capítulo bonus exclusivo con contenido adicional
- Un resumen compacto de todo el libro en formato PDF

Se prevé que estos materiales se publiquen en enero de 2025.
Le invitamos a visitar nuestro sitio web hoy mismo. Cuando se lance nuestro servicio de boletín (previsto para enero de 2025), podrá registrarse para recibir actualizaciones y no perderse ninguna novedad sobre las ofertas adicionales gratuitas.

SaageBooks.com/es/arboles-bonus-BCP8TKY

Estimados lectores,

Me siento profundamente honrado de que hayan dedicado tiempo a leer mi libro de principio a fin. Como autor, mi mayor deseo es proporcionarles ideas valiosas y orientación práctica. Su confianza en mi trabajo significa mucho para mí. Espero que la lectura haya sido enriquecedora para ustedes. Si tienen alguna pregunta o sugerencia, no duden en contactarme a través de nuestro sitio web.

Si han disfrutado de este libro, agradecería enormemente una reseña honesta. Su opinión es importante para mí y ayuda a otros lectores a tomar su decisión. Pueden dejar fácilmente su valoración honesta en la plataforma de venta donde compraron el libro.
¡Gracias por su apoyo!

Artemis Saage

Saage Media GmbH

SaageBooks.com/es

¡Descubre más! Nuestro sitio web editorial te ofrece una variada selección de libros adicionales y publicaciones emocionantes. Además de contenido gratuito y materiales exclusivos de bonificación, encontrarás información detallada sobre nuestras obras. Explora nuestra extensa oferta digital y déjate inspirar por experiencias adicionales de lectura. Como servicio especial, ofrecemos contenido tanto gratuito como de pago para complementar perfectamente tu experiencia de lectura.

SaageBooks.com/es

Fuentes

Mi sincero agradecimiento a todos los autores de las fuentes científicas y no científicas citadas, a los operadores de los sitios web referenciados y a los creadores de las imágenes, gráficos y estudios utilizados, cuyo valioso trabajo ha contribuido significativamente a la creación de este libro.
Para más información, le recomiendo visitar los sitios web de las fuentes.

Todas las fuentes fueron consultadas por última vez el: 2025-01-10

[s1] - https://pressbooks.lib.vt.edu/treesteward/chapter/5/
Título: Tree Steward Manual **por:** Virginia Tech
Sitio web: Pressbooks

[s2] - https://www.britannica.com/science/dendrology
Autor: Melissa Petruzzello **Título:** Dendrology Definition Description
por: Encyclopaedia Britannica **Sitio web:** Britannica
Editorial: Encyclopaedia Britannica

[s3] - https://www.britannica.com/plant/woody-plant
Título: Woody plant **por:** Encyclopaedia Britannica Inc
Sitio web: Britannica

[s4] - https://uclouvain.be/en-cours-2024-lbirf2105
Título: Silviculture and Dendrology LB IRF2105 **por:** Universit catholique de Louvain
Sitio web: UCLouvain

[s5] - https://www.survivalworld.com/preparedness/dendrology/
Autor: Gary Wood **Título:** Dendrology: Unlocking the Science of Tree Study
por: Survival World **Fecha de lanzamiento:** May 3 2023
Sitio web: Survival World

[s6] - https://guide.wisc.edu/courses/botany/
Título: Botany Courses **por:** University of WisconsinMadison
Sitio web: University of WisconsinMadison Course Guide

[s7] - https://pressbooks.lib.vt.edu/treesteward/chapter/5/
Título: Tree Steward Manual **por:** Virginia Tech
Sitio web: Pressbooks

[s8] - https://buat.edu.in/wp-content/uploads/2024/10/Dendrology-e-manual-2024.pdf
Autor: Dr Kaushal Singh Dr BS Rajput Dr Rajiv Umrao Dr Sanjeev Kumar **Título:** EReading Manual on Dendrology
por: Banda University of Agriculture and Technology **Fecha de lanzamiento:** 2024
Sitio web: Banda University of Agriculture and Technology **Editorial:** Banda University of Agriculture and Technology

[s9] - https://www.britannica.com/plant/woody-plant
Título: Woody plant **por:** Encyclopaedia Britannica Inc
Sitio web: Britannica

[s10] - https://ffgs.ifas.ufl.edu/media/ffgsifasufledu/docs/pdf/all-courses/ffgs-all-courses-syllabi/ffgs-all-courses-syllabi/fnr-courses/FNR-3131C---Dendrology-of-Forest-Plants-Syllabus-(Face-to-Face).pdf
Autor: Dr Michael G Andreu Ross Baretto Miranda Barnes **Título:** FNR 3131C Dendrology and Forest Plants Syllabus
por: University of Florida **Fecha de lanzamiento:** Fall 2024
Sitio web: University of Florida IFAS

[s11] - https://ncbg.unc.edu/wp-content/uploads/sites/963/2020/01/NPS2019-20Handbook.pdf
Autor: North Carolina Botanical Garden **Título:** Certificate in Native Plant Studies Handbook
Fecha de lanzamiento: 20190802 **Sitio web:** North Carolina Botanical Garden

[s12] - https://documents.dnrec.delaware.gov/fw/conservation/Native-Indigenous-Trees-of-Delaware.pdf
Autor: William A McAvoy **Título:** Native Indigenous Trees of Delaware
por: DNREC Division of Fish and Wildlife **Fecha de lanzamiento:** November 2021
Sitio web: Delaware Department of Natural Resources and Environmental Control

[s13] - https://csfs.colostate.edu/wp-content/uploads/2015/06/Cottonwood_Management_QuickGuide_26June2015.pdf
Autor: Colorado State Forest Service **Título:** Cottonwood Management: Ecology Rehabilitation Wildfire and Other Considerations
Fecha de lanzamiento: June 2015 **Sitio web:** wwwcsfscolostateedu

[s14] - https://mortonarb.org/app/uploads/2021/08/conservation-gap-analysis-of-native-us-hickories.pdf
Autor: Emily Beckman Abby Meyer David Pivorunas Sean Hoban Murphy W estwood **Título:** Conservation Gap Analysis of Native US Hickories
por: The Morton Arboretum **Fecha de lanzamiento:** August 2021
Sitio web: mortonarborg **Editorial:** The Morton Arboretum

[s15] - https://simplyliving.org/wp-content/uploads/2022/01/oak-species-fieldguide.pdf
Autor: John Stein Denise Binion Robert Acciavatti **Título:** Field Guide to Native Oak Species of Eastern North America
por: US Department of Agriculture **Fecha de lanzamiento:** October 2017
Sitio web: simplylivingorg **Editorial:** Forest Health Technology Enterprise Team

[s16] - https://www.litzsinger.org/wp-content/uploads/WinterTreeIdentification.pdf
Título: Winter Tree Identification Volunteer Enrichment **por:** Litzsinger Road Ecology Center
Fecha de lanzamiento: 02172016 **Sitio web:** Litzsinger Road Ecology Center

[s17] - https://gatewaynaturepreserve.org/winter-tree-identification-skills
Autor: Sau Silwal **Título:** Ask a Naturalist: Winter Tree Identification Skills
por: Gateway Nature Preserve **Fecha de lanzamiento:** January 3 2023
Sitio web: Gateway Nature Preserve

[s18] - https://www.extension.purdue.edu/extmedia/fnr/swttscript.pdf
Autor: Douglass F Jacobs Rosa C Goodman and Sally S Weeks **Título:** Stewart Woods Tree Trail script
por: Purdue University **Sitio web:** Purdue Extension

[s19] - https://edis.ifas.ufl.edu/publication/FR296
Autor: Michael G Andreu Erin M Givens Melissa H Friedman **Título:** How to Identify a Tree
por: IFAS Extension University of Florida **Sitio web:** University of Florida IFAS Extension

[s20] - https://content.ces.ncsu.edu/identification-of-common-trees-of-north-carolina
Título: Identification of Common Trees of North Carolina **por:** NC State Extension
Sitio web: NC State Extension Publications

[s21] - https://ecosystems.psu.edu/research/centers/private-forests/news/know-your-trees-and-where-they-grow
Autor: Jim Finley **Título:** Know Your Trees and Where They Grow
por: Penn State University **Fecha de lanzamiento:** August 31 2021
Sitio web: Penn State Extension **Editorial:** James C Finley Center for Private Forests

[s22] - https://www.uwgb.edu/biodiversity-old/herbarium/trees/glossary_for_trees01.htm
Título: Glossary of Terms Relevant to the Identification of Trees and Shrubs **por:** University of WisconsinGreen Bay
Sitio web: University of WisconsinGreen Bay

[s23] - https://www.digitalatlasofancientlife.org/learn/embryophytes/tracheophytes/branching/
Autor: Elizabeth J Hermsen **Título:** Branching
por: Digital Encyclopedia of Ancient Life **Sitio web:** Digital Atlas of Ancient Life

[s24] - https://link.springer.com/article/10.1007/s00468-017-1585-8
Autor: Katharina Bunk Siegfried Fink Thomas Speck Tom Masselter
Título: Branching morphology vascular bundle arrangement and ontogenetic development in leaf insertion zones and ramifications of three arborescent Araliaceae species
Fecha de lanzamiento: 14 July 2017
Sitio web: Springer
Editorial: Springer

[s25] - https://harvardforest.fas.harvard.edu/publications/pdfs/Gill_Biotropia_1971.pdf
Autor: A M Gill and P B Tomlinson
Título: Studies on the Growth of Red M angrove Rhizophora mangle L 3 Phenology of the Shoot
Fecha de lanzamiento: Dec 1971
Sitio web: Harvard Forest
Editorial: The Association for Tropical Biology and Conservation

[s26] - https://edis.ifas.ufl.edu/publication/EP473
Autor: T K Broschat
Título: Palm Morphology and Anatomy
por: University of Florida
Fecha de lanzamiento: 20190228
Sitio web: University of Florida IFAS Extension

[s27] - https://edis.ifas.ufl.edu/publication/FR296
Autor: Michael G Andreu Erin M Givens Melissa H Friedman
Título: How to Identify a Tree
por: IFAS Extension University of Florida
Sitio web: University of Florida IFAS Extension

[s28] - https://www.sfi.ie/site-files/primary-science/media/pdfs/col/curious-minds-resource-seasonal-changes-in-trees.pdf
Título: Classroom Resource Booklet In vestigating Seasonal Changes in Trees
por: Science Foundation Ireland
Sitio web: Science Foundation Ireland

[s29] - https://extension.umaine.edu/signs-of-the-seasons/indicator-species/red-maple-fact-sheet/
Título: Red Maple Acer rubrum Fact Sheet
por: University of Maine
Sitio web: Signs of the Seasons: A New England Phenology Program

[s30] - https://wpw.bnl.gov/alistairrogers/wp-content/uploads/sites/7/2022/01/wu_et_al_2018_new_phytologist.pdf
Autor: Jin Wu Hideki Kobayashi Scott C Stark Ran Meng Kaiyu Guan Ngoc Nguyen Tran Sicong Gao Wei Yang Natalia RestrepoCoupe Tomoaki Miura Raimundo Cosme Oliviera Alistair Rogers Dennis G Dye Bruce W Nelson Shawn P Serbin Alfredo R Huete Scott R Saleska
Título: Biological processes dominate seasonality of remotely sensed canopy greenness in an Amazon evergreen forest
por: Brookhaven National Laboratory
Fecha de lanzamiento: 2018
Sitio web: New Phytologist
Editorial: New Phytologist Trust

[s31] - https://forum.inaturalist.org/t/celebrating-northern-hemisphere-autumn/27907
Autor: jasonhernandez74
Título: Celebrating Northern Hemisphere Autumn
por: iNaturalist
Fecha de lanzamiento: November 16 2021
Sitio web: iNaturalist Community Forum

[s32] - https://www.ltrr.arizona.edu/~jburns/Articles%20-Read/rolf.pdf
Autor: Rolf Borchert
Título: Soil and Stem Water Storage De termine Phenology and Distribution of Tropical Dry Forest Trees
Fecha de lanzamiento: July 1994
Sitio web: JSTOR
Editorial: Ecological Society of America

[s33] - https://research.aalto.fi/files/109201394/1_s2.0_S0034425723001694_main.pdf
Autor: Ilkka Korpela Antti Polvivaara Aarne Hovi Samuli Junttila Markus Holop ainen
Título: Influence of phenology on waveform features in deciduous and coniferous trees in airborne LiDAR
por: Aalto University
Fecha de lanzamiento: 01082023
Sitio web: Remote Sensing of Environment
Editorial: Elsevier Inc

[s34] - https://www.nature.com/articles/s41597-023-02468-6

Autor:	Atsushi Ishida Keiko Yamaji Takashi Nakano Phanumard Ladpala Ananya Popradit Kenichi Yoshimura ShinTaro Saiki Takahisa Maeda Jin Yoshimura Kohei Koyama Sapit Diloksumpun Dokrak Marod	**Título:**	Comparative physiology of canopy tree leaves in evergreen and deciduous forests in lowland Thailand
por:	Nature Publishing Group	**Fecha de lanzamiento:**	20230908
Sitio web:	Nature	**Editorial:**	Nature Publishing Group

[s35] - https://www.plantprotection.org/wp-content/uploads/Digital-Identification-Tools-for-Plant-Biosecurity-A-Review.pdf

Autor:	A Redford GA Norton R Wang JLCH van Valkenburg XB Zhang J LaForest I Naumann M Taylor S George JA Cheng E Boer	**Título:**	Digital Identification Tools for Plant Biosecurity: A Review
por:	Animal Plant Health Inspection Service United States Department of Agriculture The University of Queensland Canadian Food Inspection Agency Netherlands Institute for Vectors Invasive Plants and Plant Health Zhejiang Academy of Agricultural Sciences University of Georgia Department of Agriculture Water and the Environment Identic Pty Ltd Biosecurity New Zealand Zhejiang University	**Fecha de lanzamiento:**	August 2023
Sitio web:	Plant Protection Organization		

[s36] - https://cipwg.uconn.edu/invasive-mobile-apps/

Autor:	University of Connecticut	**Título:**	Invasive Mobile Apps
Sitio web:	Connecticut Invasive Plant Working Group		

[s37] - https://library.humboldt.edu/3d-digital-herbarium

Autor:	AJ Bealum Cyril Oberlander	**Título:**	3D Digital Herbarium
por:	Cal Poly Humboldt Library	**Fecha de lanzamiento:**	January 2023
Sitio web:	3dherbariumorg		

[s38] - https://www.invasivespeciesinfo.gov/type/smartphone-applications

Título:	Smartphone Applications	**por:**	US Department of Agriculture
Sitio web:	National Invasive Species Information Center		

[s39] - https://www.fairfaxcounty.gov/publicworks/invasive-species/recognize

Título:	Recognizing Invasive Species	**por:**	Fairfax County Government
Sitio web:	Fairfax County Public Works and Environmental Services		

[s40] - https://climate.nasa.gov/news/2540/tree-rings-provide-snapshots-of-earths-past-climate/

Autor:	Jessica StollerConrad	**Título:**	Tree rings provide snapshots of Earths past climate
por:	NASA	**Fecha de lanzamiento:**	20170125
Sitio web:	NASA Climate	**Editorial:**	NASA

[s41] - https://bulletin.auburn.edu/coursesofinstruction/fory/fory.pdf

Título:	Forestry FORY	**por:**	Auburn University
Sitio web:	Auburn University Bulletin		

[s42] - https://ffgs.ifas.ufl.edu/media/ffgsifasufledu/docs/pdf/all-courses/ffgs-all-courses-syllabi/ffgs-all-courses-syllabi/fnr-courses/FNR-3131C---Dendrology-of-Forest-Plants-Syllabus-(Face-to-Face).pdf

Autor:	Dr Michael G Andreu Ross Baretto Miranda Barnes	**Título:**	FNR 3131C Dendrology and Forest Plants Syllabus
por:	University of Florida	**Fecha de lanzamiento:**	Fall 2024
Sitio web:	University of Florida IFAS		

[s43] - https://ecosystems.psu.edu/outreach/youth/sftrc/lesson-plans/forestry/9-12/dendrology-scavenger-hunt

Autor:	Bob Lauffer	**Título:**	Dendrology Scavenger Hunt
por:	The Pennsylvania State University	**Sitio web:**	Penn State Extension

[s44] - https://www.acpsmd.org/site/handlers/filedownload.ashx?moduleinstanceid=1710&dataid=4364&FileName=Forestry%20Study%20Guide.pdf

Autor:	Will Williams	**Título:**	Forestry Resource Study Guide
por:	Maryland Department of Natural Resources Forest Service	**Fecha de lanzamiento:**	April 2003
Sitio web:	wwwdnrstatemdus		

[s45] - https://tuskegee.peopleadmin.com/postings/1818
Título: Forester **por:** Tuskegee University
Fecha de lanzamiento: 02172023 **Sitio web:** Tuskegee University

[s46] - https://bulletins.psu.edu/university-course-descriptions/undergraduate/for/for.pdf
Título: University Course Descriptions: Forestry FOR **por:** Penn State University
Sitio web: Penn State University

[s47] - https://www.srs.fs.usda.gov/pubs/misc/ag_654/volume_2/tilia/americana.htm
Autor: T R Crow **Título:** Tilia americana L American Ba sswood
Sitio web: USDA Forest Service

[s48] - https://plants.usda.gov/DocumentLibrary/plantguide/pdf/pg_cofl2.pdf
Autor: Sarah Wennerberg **Título:** Plant Guide: Flowering Dogwood Cornus florida L
por: USDA NRCS National Plant Data Center **Fecha de lanzamiento:** 20040525
Sitio web: USDA PLANTS **Editorial:** USDA Natural Resources Conserv ation Service

[s49] - https://www.idpan.poznan.pl/en-us/zielone-lekcje?view=article&id=1299&catid=125
Título: About Us **por:** Institute of Dendrology Polish Academy of Sciences
Sitio web: Institute of Dendrology

[s50] - https://www.ncbi.nlm.nih.gov/pmc/articles/PMC8399636/
Autor: Robert N Trigiano Sarah L Boggess Christopher R Wyman Denita Hadziabdic Sandra Wilson **Título:** Propagation Methods for the Co nservation and Preservation of the Endangered Whorled Sunflower Helianthus verticillatus
por: University of Tennessee University of Florida **Fecha de lanzamiento:** 20210730
Sitio web: NCBI **Editorial:** MDPI

[s51] - https://journals.ashs.org/hortsci/view/journals/hortsci/57/7/article-p831.xml
Título: Variation in Floral Characteristics and Growth Habits within the Native Range of the North American Wildflower Ratibida columnifera Nutt Wooton Standl **por:** American Society for Horticultural Science
Fecha de lanzamiento: 01 Jul 2022 **Sitio web:** HortScience

[s52] - https://www.scionresearch.com/__data/assets/pdf_file/0006/58740/NZJFS421974VACLAV237_241.pdf
Autor: E Vaclav **Título:** Vegetative Propagation of Birch
por: Forestry Science Institute of the Agricultural University **Fecha de lanzamiento:** 19730913
Sitio web: Scion Research **Editorial:** New Zealand Journal of Forestry Science

[s53] - https://content.ces.ncsu.edu/plant-propagation-by-layering-instructions-for-the-home-gardener
Autor: Ervin Evans Frank Blazich **Título:** Plant Propagation by Layering: Instructions for the Home Gardener
por: NC State Extension **Fecha de lanzamiento:** Jan 31 1999
Sitio web: NC State Extension Publications

[s54] - https://www.ceplas.eu/en/discover/planters-punch/2016/clones-to-our-rescue-an-introduction-to-vegetative-propagation-in-plants
Autor: Priyanka Mishra **Título:** Clones to our rescue! An introduction to vegetative propagation in plants
por: Max Planck Institute for Plant Breeding Research **Sitio web:** CEPLAS

[s55] - https://meridian.allenpress.com/jeh/article/41/3/80/495765/Histology-of-Adventitious-Root-Formation-and
Autor: Xinya Lu Maxine Cuarto Haiying Liang **Título:** Histology of Adventitious Root Formation and Phytohormone An alysis of American Chestnut Cuttings
por: Clemson University **Fecha de lanzamiento:** September 15 2023
Sitio web: Journal of Environmental Horticulture

[s56] - https://www.britannica.com/science/vegetative-reproduction
Autor: The Editors of Encyclopaedia B ritannica **Título:** Vegetative reproduction
por: Encyclopaedia Britannica **Fecha de lanzamiento:** Nov 8 2024
Sitio web: Britannica **Editorial:** Encyclopaedia Britannica Inc

[s57] - https://www.internationaloaksociety.org/content/vegetative-propagation-oaks-iturraran
Autor: Website Editor **Título:** Vegetative Propagation of Oaks in Iturraran
por: International Oak Society **Fecha de lanzamiento:** March 8 2015
Sitio web: International Oak Society

[s58] - https://www.srs.fs.usda.gov/pubs/misc/ag_654/volume_2/acer/saccharum.htm
Autor: Richard M Godman Harry W Yawney and Carl H Tubbs **Título:** Acer saccharum Marsh Sugar Maple
Sitio web: US Forest Service

[s59] - https://www.srs.fs.usda.gov/pubs/misc/ag_654/volume_1/pinus/strobus.htm
Autor: G W Wendel and H Clay Smith **Título:** Pinus strobus L Eastern White Pine
Sitio web: USDA Forest Service

[s60] - https://plants.usda.gov/DocumentLibrary/plantguide/pdf/pg_prma2.pdf
Autor: SC Snell **Título:** Plant Guide for beach plum Prunus maritima
por: USDANatural Resources Conserva tion Service **Fecha de lanzamiento:** 092018
Sitio web: USDA PLANTS **Editorial:** USDANatural Resources Conserva tion Service

[s61] - https://www.internationaloaksociety.org/content/propagation-manual-quercus%E2%80%94-spanish
Autor: Roderick Cameron **Título:** A Propagation Manual for Quercusin Spanish
por: International Oak Society **Fecha de lanzamiento:** February 13 2021
Sitio web: International Oak Society

[s62] - https://www.forest-monitor.com/en/conifer-seedling-production-in-a-romanian-tree-nursery/
Autor: Sorin T chiop **Título:** Conifer seedling production in a Romanian tree nursery
por: Forest Monitor **Fecha de lanzamiento:** 28 May 2018
Sitio web: Forest Monitor

[s63] - https://www.edmonds.edu/programs-and-degrees/areas-of-study/environmental-science-and-horticulture/horticulture/course-descriptions.html
Título: Horticulture Course Descriptions **por:** Edmonds College
Sitio web: Edmonds College

[s64] - https://hort.extension.wisc.edu/articles/beginning-vegetable-garden-basics-site-selection-and-soil-preparation/
Autor: Diana Alfuth **Título:** Beginning Vegetable Garden Basics: Site Selection and Soil Preparation
por: University of WisconsinMadison Extension **Fecha de lanzamiento:** 04082021
Sitio web: Wisconsin Horticulture

[s65] - https://www.sacvalleyorchards.com/walnuts/orchard-development/orchard-soil-preparation/
Autor: Bill Krueger UCCE Farm Advisor Emeritus Glenn County **Título:** Orchard Soil Preparation
por: Sacramento Valley Orchards **Fecha de lanzamiento:** May 16 2016
Sitio web: Sacramento Valley Orchards

[s66] - https://www.uvm.edu/~orchard/fruit/treefruit/tf_horticulture/AppleHortBasics/SiteSelection.html
Autor: Terence Bradshaw **Título:** Site Selection and Preparation in Vermont Apple Orchards
por: University of Vermont **Sitio web:** University of Vermont

[s67] - https://habitathorticulturepnw.com/category/the-final-design/how-to-plant/
Autor: Dana Kelley Bressette MS **Título:** How to Plant
por: Habitat Horticulture PNW **Sitio web:** Habitat Horticulture PNW

[s68] - https://pubs.nmsu.edu/_h/H410/index.html
Autor: Esteban Herrera **Título:** Site Selection and Preparation for Christmas Tree Planting
por: New Mexico State University **Fecha de lanzamiento:** April 2003
Sitio web: New Mexico State University Pu blications

[s69] - https://www.srs.fs.usda.gov/pubs/misc/ag_654/volume_1/pinus/taeda.htm
Autor: James B Baker and 0 Gordon Lan gdon **Título:** Pinus taeda L Loblolly Pine
Sitio web: USDA Forest Service

[s70] - https://www.cpsenergy.com/content/dam/corporate/en/Documents/EnergyEfficiency/Full_tree_guide.pdf
Título: A Guide to the Selection Planting and Care of Trees in the Greater San Antonio Region **por:** CPS Energy
Sitio web: CPS Energy

[s71] - https://www.extension.purdue.edu/extmedia/fnr/fnr-225.pdf
Autor: Robert C Morrissey John Seifert Nathan King Marcus Selig **Título:** Enrichment Planting of Oaks
por: Purdue University **Sitio web:** Purdue University Extension
Editorial: Purdue University Cooperative Extension Service

[s72] - https://www.fdacs.gov/content/download/113184/file/ITFIF_2023.pdf
Autor: Florida Forest Service **Título:** Introduction to Forestry in Florida
Fecha de lanzamiento: 2023 **Sitio web:** wwwFDACSgovFLForestService

[s73] - http://www.climatehubs.usda.gov/hubs/northern-forests/topic/climate-change-projections-individual-tree-species
Título: Climate Change Projections for Individual Tree Species **por:** USDA Forest Service
Sitio web: USDA Northern Forests Climate Hub

[s74] - https://www.mvr.usace.army.mil/Portals/48/docs/Environmental/UMRR/HREP/MVR/BeaverIsland/APP%20B%20-%20Clean%20Water%20Act-Section%20404%20Assessment.pdf
Autor: US Army Corps of Engineers **Título:** Upper Mississippi River Restoration Feasibility Report with Integrated Environmental Assessment Beaver Island Habitat Rehabilitation and Enh ancement Project
Sitio web: US Army Corps of Engineers

[s75] - https://www.ncbi.nlm.nih.gov/pmc/articles/PMC1794023/
Autor: Louie H Yang **Título:** Periodical cicadas use light for oviposition site selection
Fecha de lanzamiento: 2006 Dec 7 **Sitio web:** NCBI
Editorial: The Royal Society

[s76] - https://avianres.biomedcentral.com/articles/10.1186/s40657-020-00232-7
Autor: Ning Li Zheng Wang Yao Cai Lin Zhang **Título:** Importance of microhabitat selection by birds for the early recruitment of endangered trees in a fragmented fo rest
Fecha de lanzamiento: 01 December 2020 **Sitio web:** Avian Research
Editorial: BMC

[s77] - https://www.huntington.in.us/egov/documents/1703018952_24198.pdf
Autor: Rae Handy **Título:** 2022 Tree Planting Plan for Hu ntington IN
por: City of Huntington Indiana **Sitio web:** Huntington Indiana

[s78] - https://www.parks.ca.gov/pages/595/files/Monarch%20Overwintering%20Site%20Management%20Plan.pdf
Autor: Emma Pelton **Título:** Monarch Butterfly Overwintering Site Management Plan for Pismo State B each
por: The Xerces Society for Invertebrate Conservation **Fecha de lanzamiento:** October 2020
Sitio web: California State Parks

[s79] - https://www.scfc.gov/management/urban-forestry/urban-tree-care-resources/tree-planting-and-care/
Título: Tree Planting and Care **por:** South Carolina Forestry Commission
Sitio web: South Carolina Forestry Commission

[s80] - https://www.suagcenter.com/news/7039
Autor: Dr Yadong Qi **Título:** SU Ag Center Receives 2 Million Grant to Establish Urban Community Tree Nursery for Urban Greening in the States Disadvantaged Co mmunities
por: Southern University Agricultural Research and Extension Center **Fecha de lanzamiento:** November 13 2024
Sitio web: Southern University Agricultural Research and Extension Center

[s81] - http://www.internationaloaksociety.org/sites/default/files/files/document/19-ios-journal-24-sternberg-sm.pdf
Autor: Guy Sternberg **Título:** Pruning Oaks: Training the Young to Achieve Grandeur
por: Starhill Forest Arboretum **Sitio web:** internationaloaksocietyorg

[s82] - https://hort.ifas.ufl.edu/woody/pruning.shtml
Título: Pruning shade trees in landscapes **por:** University of Florida
Fecha de lanzamiento: January 24 2020 **Sitio web:** University of Florida IFAS Extension

[s83] - https://www.bartlett.com/resources/structural-pruning-of-young-trees.pdf
Autor: Bruce R Fraedrich PhD **Título:** Structural Pruning of Young Trees
Sitio web: Bartlett Tree Experts

[s84] - https://hort.ifas.ufl.edu/woody/structural-pruning-flash.shtml
Título: Structural Pruning: The Essence of Tree Care **por:** University of Florida
Sitio web: University of Florida IFAS Extension

[s85] - https://www.upperhutt.govt.nz/files/assets/public/planbuild/apply/nz-arboricultural-assoc-amenity-tree-pruning-best-practice-guide-april-2011.pdf
Autor: New Zealand Arboricultural Ass ociation **Título:** Best Practice Guideline: Amenity Tree Pruning
Fecha de lanzamiento: April 2011 **Sitio web:** Upper Hutt City Council

[s86] - https://en.wikiversity.org/wiki/Arboriculture/Pruning
Título: ArboriculturePruning **por:** Wikiversity
Fecha de lanzamiento: 10 December 2022 **Sitio web:** Wikiversity

[s87] - https://www.kansasforests.org/conservation_trees/careandtips/rabbits.html
Título: Damage Caused By Rabbits **por:** Kansas Forest Service
Fecha de lanzamiento: 91923 **Sitio web:** Kansas Forest Service

[s88] - https://www.hamiltontn.gov/PDF/WaterQuality/bmps/11.4.pdf
Autor: Chattanooga Tree Commission **Título:** Tree Protection BMPs for Contractors and Builders
Sitio web: Hamilton County Tennessee

[s89] - https://www.dekalbcountyga.gov/sites/default/files/users/user348/Forms%20-%20178%20Sams%20St/TREE%20PROTECTION/2018%20Home%20Builder%20Guide%20to%20Tree%20Protection_0.pdf
Autor: R W Tonning **Título:** 2018 Home Builder Guide to Tree Protection
por: DeKalb County **Sitio web:** DeKalb County Government

[s90] - https://extapps.dec.ny.gov/docs/lands_forests_pdf/prunetree.pdf
Autor: Peter J Bedker Joseph G OBrien Manfred M Mielke **Título:** How to Prune Trees
por: USDA Forest Service **Sitio web:** https:extappsdecnygov

[s91] - https://hort.ifas.ufl.edu/woody/documents/ch_13_mw06.pdf
Autor: Edward F Gilman Amanda Bisson **Título:** Developing a Preventive Pruning Program in Your Community: Mature Trees
por: University of Florida Institute of Food and Agricultural Sciences **Fecha de lanzamiento:** September 2007
Sitio web: http:treesandhurricanesifasufledu **Editorial:** Florida Cooperative Extension Service

[s92] - https://static.colostate.edu/client-files/csfs/pdfs/pruning-mature-shade-trees.pdf
Autor: D Whiting J Bousselot R Cox C OMeara **Título:** Pruning Mature Shade Trees no 7825
por: Colorado State University **Fecha de lanzamiento:** 1004
Sitio web: wwwextcolostateedu **Editorial:** Colorado State University Coop erative Extension

[s93] - https://champtreecare.com/tree-pruning/
Título: Pruning Trees and Shrubs **por:** Champion Tree Care
Sitio web: Champion Tree Care

[s94] - https://extension.umd.edu/resource/pruning-trees-home-landscape
Autor: Virginia Williams CPH Dr Francis Gouin Ray Bosmans **Título:** Pruning Trees in the Home Landscape
por: University of Maryland Extension **Fecha de lanzamiento:** March 22 2024
Sitio web: University of Maryland Extension

[s95] - https://www.dreamworkstrees.com/tree-crown-reduction-guide/
Título: All You Need to Know About Tree Crown Reduction **por:** Dreamworks Tree Services
Fecha de lanzamiento: Dec 5 2023 **Sitio web:** Dreamworks Tree Services

[s96] - https://hort.ifas.ufl.edu/woody/philosophy.shtml
Título: Philosophy of Reduction **por:** University of Florida
Fecha de lanzamiento: January 24 2020 **Sitio web:** University of Florida IFAS Extension

[s97] - https://www.upperhutt.govt.nz/files/assets/public/planbuild/apply/nz-arboricultural-assoc-amenity-tree-pruning-best-practice-guide-april-2011.pdf
Autor: New Zealand Arboricultural Association **Título:** Best Practice Guideline Amenity Tree Pruning
Fecha de lanzamiento: April 2011 **Sitio web:** Upper Hutt City Council

[s98] - https://wwv.isa-arbor.com/events/conference/proceedings/2014/presentationDescription?ID=1238
Autor: Philip van Wassenaer Ryan Redvers **Título:** Reduce the Crown Retain the Tree
por: International Society of Arboriculture **Sitio web:** International Society of Arboriculture

[s99] - https://www.dnr.wa.gov/publications/rp_urban_stoptopping_presentation.pdf
Autor: Sarah Foster Linden L Mead Nicki Eisfeldt **Título:** Protect Your Investment! Good reasons not to top trees and alternatives to consider
por: Washington State Department of Natural Resources DNR **Sitio web:** Washington State Department of Natural Resources

[s100] - https://www.laparks.org/forest/urban-forest
Título: Urban Forest Program **por:** City of Los Angeles Department of Recreation and Parks
Sitio web: laparksorg

[s101] - https://extapps.dec.ny.gov/docs/lands_forests_pdf/prunetree.pdf
Autor: Peter J Bedker Joseph G OBrien Manfred M Mielke **Título:** How to Prune Trees
por: USDA Forest Service **Sitio web:** https:extappsdecnygov
Editorial: Northeastern Area State and Private Forestry

[s102] - https://www.isa-arbor.com/Portals/0/assets/pdf/research/educ_Portal_Pruning_AN.pdf
Autor: James R Clark Nelda Matheny **Título:** What does research tell us about the practice of pruning in arboriculture?
por: HortScience Inc **Fecha de lanzamiento:** February 2010
Sitio web: International Society of Arboriculture

[s103] - https://www.portland.gov/trees/treepermits/street-tree-pruning-permits/pruning-private-and-non-heritage-tree-permit-faqs
Título: Pruning Private and NonHeritage Tree Permit Frequently Asked Questions **por:** City of Portland
Sitio web: Portlandgov

[s104] - https://www.ashwaubenon.gov/media/1596/2010arborspecsmanual.pdf
Autor: Village of Ashwaubenon **Título:** Arboricultural Specifications Manual
Fecha de lanzamiento: March 24 2005 Adopted Revised: October 8 2009 February 16 2010 **Sitio web:** ashwaubenongov

[s105] - https://www.fdot.gov/docs/default-source/maintenance/rdw/Guide_LandscapeandTreeMaintenance.pdf
Autor: Florida Department of Transportation FDOT **Título:** A Guide for Tree Palm Maintenance for Urban Roadsides and Landscape Areas
Fecha de lanzamiento: 2015 **Sitio web:** Florida Department of Transportation

[s106] - https://bellevuewa.gov/sites/default/files/media/pdf_document/Tree_Pruning_Guidelines.pdf
Autor: City of Bellevue **Título:** Pruning Guidelines
Fecha de lanzamiento: November 2009 **Sitio web:** bellevuewagov

[s107] - https://www.dot.state.mn.us/roadsides/vegetation/pdf/recommendations-procedures-guidelines.pdf
Título: Guidelines for Tree Shrub Pruning Removal on Minnesota Department of Transportation Rights of Way Managed Lands **por:** Minnesota Department of Transportation
Sitio web: Minnesota Department of Transportation

[s108] - https://www.mstc.edu/sites/default/files/2020-03/Arborist-Technician-Program-Information-Guide.pdf
Título: Arborist Technician Program In formation Guide **por:** MidState Technical College
Fecha de lanzamiento: 20242025 **Sitio web:** mstcedu

[s109] - https://acreagenebraska.org/2024/03/04/the-basics-of-pruning-tools/
Autor: Sarah Browning **Título:** The Basics of Pruning Tools
por: University of Nebraska Lincoln **Fecha de lanzamiento:** March 4 2024
Sitio web: Acreage Life Nebraska

[s110] - https://www.dreamworkstrees.com/six-most-common-tree-pruning-tools/
Título: What You Should Know About the Six Most Common Tree Pruning Tools **por:** Dreamworks Tree Services
Fecha de lanzamiento: Feb 5 2021 **Sitio web:** Dreamworks Tree Services

[s111] - https://seacoasttreecare.com/blog/must-have-pruning-tools
Título: 5 Essential Pruning Tools and When to Hire a Professional **por:** Seacoast Tree Care
Sitio web: Seacoast Tree Care

[s112] - https://backridgetreeservice.com/2024/02/04/tools-for-tree-pruning/
Título: The Four Tools for Tree Pruning Professionals Use in Destin FL **por:** Backridge Tree Service
Fecha de lanzamiento: 20240204 **Sitio web:** Backridge Tree Service

[s113] - https://www.barnel.com/polepruners.php
Título: Professional Pole Pruners Saws and Accessories **por:** Barnel International Inc
Sitio web: barnelcom

[s114] - https://gardenprofessors.com/tuning-up-for-pruning-up-care-maintenance-and-utilization-of-hand-pruning-tools/
Autor: A J Downer **Título:** Tuning up for Pruning UpCare M aintenance and Utilization of Hand Pruning Tools
por: The Garden Professors **Fecha de lanzamiento:** November 29 2024
Sitio web: The Garden Professors

[s115] - https://www.arboristsite.com/threads/fiber-glass-pole-pruner-wobbly.204619/
Autor: Guran **Título:** Fiber glass pole pruner wobbly
por: ArboristSite **Fecha de lanzamiento:** Jul 29 2012
Sitio web: ArboristSite

[s116] - https://www.bgohio.org/680/Hiring-a-Tree-Care-Service
Título: Hiring a Tree Care Service **por:** City of Bowling Green Ohio
Sitio web: Bowling Green Ohio Government

[s117] - https://www.hse.gov.uk/treework/safety-topics/ppe.htm
Título: Personal Protective Equipment PPE for aerial tree work **por:** Health and Safety Executive HSE
Fecha de lanzamiento: 20230315 **Sitio web:** HSEGOVUK

[s118] - https://www.isa-arbor.com/Portals/0/Assets/PDF/Certification-Applications/Cert-Exam-Outline-CA.pdf
Título: Certification Examination Outline for ISA Certified Arborist **por:** International Society of Arboriculture ISA
Sitio web: ISA Arboriculture

[s119] - https://www.arboristsite.com/threads/forester-hi-viz-wrap-chaps.348504/
Autor: Philbert **Título:** Forester HiViz Wrap Chaps
Fecha de lanzamiento: Dec 23 2020 **Sitio web:** ArboristSite

[s120] - https://www.hse.gov.uk/treework/safety-topics/chainppe.htm
Título: Chainsaw Personal Protective E quipment PPE **por:** Health and Safety Executive HSE
Fecha de lanzamiento: 20210519 **Sitio web:** HSEGOVUK

[s121] - https://labor.hawaii.gov/hiosh/files/2012/12/Tree-Climbing-Safety-Eckert-HiOSH-March-2012.pdf
Autor: Kevin K Eckert **Título:** Tree Climbing Safety
por: Arbor Global **Fecha de lanzamiento:** March 2012
Sitio web: Hawaii Department of Labor and Industrial Relations

[s122] - https://www.dir.ca.gov/dosh/dosh_publications/Tree-Work-Safety-Guide.pdf
Autor: CalOSHA Consultation Services Branch **Título:** Tree Work Safety Guide
Fecha de lanzamiento: May 2016 **Sitio web:** wwwdircagov

[s123] - https://city-boston.icims.com/jobs/28591/academy-arborist-%28powercorpsbos%29/job
Título: Academy Arborist PowerCorpsBOS **por:** City of Boston
Fecha de lanzamiento: 20221219 **Sitio web:** City of Boston

[s124] - https://www.ballaratarborist.com.au/2024/03/19/essential-tree-health-assessment-tools-for-arborists/
Título: Essential Tree Health Assessment Tools for Arborists **por:** Ballarat Arborist
Fecha de lanzamiento: 20240319 **Sitio web:** Ballarat Arborist

[s125] - https://www.lsu.edu/agriculture/rnr/research/documents/2020_spring-research_matters.pdf
Autor: Stephanie Moothart Dr Richard Keim **Título:** Research Matters
por: Louisiana State University Agr icultural Center **Fecha de lanzamiento:** Spring 2020
Sitio web: wwwLSUAgCentercom **Editorial:** School of Renewable Natural Re sources

[s126] - https://www.shutterstock.com/search/forestry-safety?image_type=photo&page=2
Título: Forestry Safety Stock Photos **por:** Shutterstock
Sitio web: Shutterstock

[s127] - https://texastreesurgeons.com/blog/2022/03/12/best-time-to-trim-2/
Título: When is the Best Time to Trim a Tree? It Depends! **por:** Texas Tree Surgeons
Fecha de lanzamiento: 20220312 **Sitio web:** Texas Tree Surgeons

[s128] - https://www.dot.state.mn.us/roadsides/vegetation/pdf/recommendations-procedures-guidelines.pdf
Título: Guidelines for Tree Shrub Pruning Removal on Minnesota Department of Transportation Rights of Way Managed Lands **por:** Minnesota Department of Transp ortation
Sitio web: Minnesota Department of Transp ortation

[s129] - https://extapps.dec.ny.gov/docs/lands_forests_pdf/prunetree.pdf
Autor: Peter J Bedker Joseph G OBrien Manfred M Mielke **Título:** How to Prune Trees
por: USDA Forest Service **Editorial:** Northeastern Area State and Private Forestry

[s130] - https://www.portland.gov/trees/tree-care-and-resources/how-prune-properly
Título: How to Prune Properly **por:** City of Portland
Sitio web: Portlandgov

[s131] - https://hort.ifas.ufl.edu/woody/pruning-when.shtml
Título: Time of year when to prune **por:** University of Florida
Fecha de lanzamiento: 20200124 **Sitio web:** University of Florida IFAS Extension

[s132] - https://www.trees.org.uk/Trees.org.uk/files/59/59f7b871-1495-419a-aad5-2654799ee972.pdf
Autor: D Lonsdale **Título:** Choosing the time of year to prune trees
por: Arboricultural Advisory and In formation Service **Fecha de lanzamiento:** November 1993
Sitio web: Treesorguk **Editorial:** Arboricultural Advisory Information Service

[s133] - https://www.iwu.edu/physical-plant/tree-care-plan.pdf
Autor: Illinois Wesleyan University **Título:** Campus Tree Care Plan
Sitio web: Illinois Wesleyan University

[s134] - https://www.bonsaiempire.com/basics/styling/pruning
Título: Pruning a Bonsai **por:** Bonsai Empire
Sitio web: Bonsai Empire

[s135] - https://stormwater.pca.state.mn.us/index.php?title=Operation_and_maintenance_considerations_for_vegetation_in_stormwater_management
Título: Operation and maintenance cons iderations for vegetation in s tormwater management **por:** Minnesota Pollution Control Agency MPCA
Sitio web: Minnesota Stormwater Manual

[s136] - https://journals.ashs.org/downloadpdf/journals/horttech/1/1/article-p30.pdf
Autor: RC Beeson Jr
Título: Scheduling Woody Plants for Pr oduction and Harvest
por: University of Florida Central Florida Research and Education Center
Fecha de lanzamiento: OctDec 1991
Sitio web: American Society for Horticultural Science
Editorial: Florida Agricultural Experiment Stations Journal Series no R01524

[s137] - https://www.denvergov.org/content/dam/denvergov/Portals/747/documents/forestry/tree-retention-protection.pdf
Título: Tree Retention and Protection
por: City and County of Denver
Fecha de lanzamiento: January 2019
Sitio web: Denvergov

[s138] - https://clark.wa.gov/sites/default/files/dept/files/public-works/Forestry/Clark_County_Forest_Stewardship_Plan.pdf
Autor: Hunter Decker
Título: Clark County Forest Stewardship Plan
por: Clark County
Fecha de lanzamiento: October 2017
Sitio web: Clark County

[s139] - https://cob.org/wp-content/uploads/cityview-tree-retention-plan.pdf
Autor: Patrick J Sullivan
Título: Tree Retention Plan
por: Tree Guys Incorporated
Fecha de lanzamiento: February 15 2020
Sitio web: City of Bellingham

[s140] - https://www.sfasilviculture.com/index.php/textbook/2-3-stand-dynamics-stand-structure
Título: 23 Stand Dynamics: Stand Structure
por: SFASilviculture
Sitio web: SFASilviculture

[s141] - https://forestecosyst.springeropen.com/articles/10.1186/s40663-016-0075-6
Autor: Timo Kuuluvainen
Título: Conceptual models of forest dynamics in environmental education and ma nagement: keep it as simple as possible but no simpler
por: SpringerOpen
Fecha de lanzamiento: 20160805
Sitio web: Forest Ecosystems
Editorial: Springer

[s142] - https://annforsci.biomedcentral.com/articles/10.1007/s13595-019-0891-2
Autor: Maxence Martin Hubert Morin Nicole J Fenton
Título: Secondary disturbances of low and moderate severity drive the dynamics of eastern Canadian boreal oldgrowth forests
Fecha de lanzamiento: 11 December 2019
Sitio web: Annals of Forest Science
Editorial: BMC

[s143] - https://ecophys.cfans.umn.edu/sites/ecophys.cfans.umn.edu/files/files/montgomery2001ecol.pdf
Autor: Rebecca A Montgomery Robin L C hazdon
Título: Forest Structure Canopy Architecture and Light Transmittance in Tropical Wet Forests
Fecha de lanzamiento: 2001
Sitio web: University of Connecticut
Editorial: Ecological Society of America

[s144] - https://www.esf.edu/melnhe/restricted/documents/Nash_Proposal_SUNY_ESF.pdf
Autor: Joe Nash
Título: Forest Succession and Woody Debris an Analysis of Volume Species and Decomposition within a Northern Hardwood Forest Chronosequence
por: SUNY College of Environmental Science and Forestry
Sitio web: esfedu

[s145] - https://annforsci.biomedcentral.com/articles/10.1051/forest/2008083
Autor: Ekaterina Shorohova Timo Kuulu vainen Ahto Kangur Kalev Jgiste
Título: Natural stand structures disturbance regimes and successional dynamics in the Eurasian boreal forests: a review with special reference to Russian stud ies
Fecha de lanzamiento: January 2009
Sitio web: Annals of Forest Science

[s146] - https://pubmed.ncbi.nlm.nih.gov/19860154/
Autor: Timo Kuuluvainen
Título: Forest management and biodiversity conservation based on natural ecosy stem dynamics in northern Europe: the complexity challenge
Fecha de lanzamiento: 200909
Sitio web: PubMed
Editorial: Ambio

[s147] - https://www.dnr.wa.gov/NHP-USNVC
Título: US National Vegetation Classification **por:** Washington Department of Natural Resources DNR
Sitio web: Washington DNR

[s148] - https://dnr.wisconsin.gov/sites/default/files/topic/ForestManagement/FR805_12.pdf
Autor: Wisconsin Department of Natural Resources **Título:** Wisconsin Silviculture Guide Chapter 12: Forest Habitat Type Classification System
Fecha de lanzamiento: 2112004 **Sitio web:** Wisconsin Department of Natural Resources

[s149] - https://dnr.wisconsin.gov/sites/default/files/topic/ForestManagement/24315_12.pdf
Título: Silviculture Handbook **por:** Wisconsin Department of Natural Resources
Fecha de lanzamiento: 20040211 **Sitio web:** Wisconsin Department of Natural Resources

[s150] - https://research.fs.usda.gov/treesearch/34457
Autor: Andrew P Youngblood Ronald L M auk **Título:** Coniferous forest habitat types of central and southern Utah
por: US Department of Agriculture Forest Service **Fecha de lanzamiento:** 1985
Sitio web: Treesearch **Editorial:** Rocky Mountain Research Station

[s151] - https://files.dnr.state.mn.us/natural_resources/npc/npc_methods_paper.pdf
Autor: Aaseng Norm E Almendinger John C Dana Robert P Hanson Dan S Lee Michael D Rowe Erika R Rusterholz Kurt A Wovcha Daniel S **Título:** Minnesotas native plant community classification: A statewide classifi cation of terrestrial and wetland vegetation based on numerical analys is of plot data
por: Minnesota Department of Natural Resources **Fecha de lanzamiento:** 2011
Sitio web: Minnesota Department of Natural Resources **Editorial:** Minnesota Department of Natural Resources

[s152] - https://dnr.maryland.gov/wildlife/Documents/Natural_Communities%20_Maryland_2016_Framework.pdf
Autor: Jason W Harrison **Título:** The Natural Communities of Mar yland: 2016 Natural Community Classification Framework
por: Maryland Department of Natural Resources **Fecha de lanzamiento:** 2016
Sitio web: dnrmarylandgov **Editorial:** Maryland Department of Natural Resources

[s153] - https://wvdnr.gov/wp-content/uploads/2024/01/BluestonePetersMtn.CFA_.ActionPlan.pdf
Título: Action Plan for the Bluestone Lake Peters Mountain Conservation Focus Area **por:** West Virginia Division of Natural Resources WVDNR
Fecha de lanzamiento: November 2023 **Sitio web:** wvdnrgov

[s154] - https://www.nature.scot/doc/ecological-networks-protected-areas-review-ecological-networks-think-piece
Autor: Alessandro Gimona Peter Wright Antonia Eastwood Alejandro Gallego Alison Hester **Título:** Ecological Networks Protected Areas Review Ecological Networks Think Piece
por: NatureScot **Sitio web:** NatureScot

[s155] - https://ecologicalconnectivity.com/connectivite
Título: What is ecological connectivity? **por:** Ecological Connectivity
Sitio web: Ecological Connectivity

[s156] - https://www.nature.scot/doc/habitat-networks-reviewing-evidence-base-final-report
Autor: Rob Briers **Título:** Habitat networks reviewing the evidence base: Final Report
por: Edinburgh Napier University **Sitio web:** NatureScot
Editorial: Scottish Natural Heritage

[s157] - https://connectiviteecologique.com/sites/default/files/2021-07/Connectivity-Analysis-40-3_Report.pdf
Autor: Alex Arkilanian Guillaume Larocque Valentin Lucet Deanna Schrock Clia Denpoux Andrew Gonzalez **Título:** A review of ecological connectivity analysis in the Region of Resolution 403
Fecha de lanzamiento: 2020 **Sitio web:** connectiviteecologiquecom
Editorial: Ministre de la faune de la fort et des p arcs du Qubec

[s158] - https://extension.missouri.edu/sites/default/files/legacy_media/wysiwyg/Extensiondata/Pub/pdf/agguides/wildlife/g09415.pdf
Autor: Robert A Pierce II Hank Stelzer John Dwyer **Título:** Integrating Woodland and Wildlife Management Practices on Your Property
por: University of Missouri Extension **Sitio web:** extensionmissouriedu
Editorial: University of Missouri Extension

[s159] - https://erenweb.org/wp-content/uploads/2014/06/EREN-PFPP-Edge-Effects-Study.pdf
Autor: Eric Keeling **Título:** Forest Edge Effects Study
por: Ecology as Education Network EREN **Fecha de lanzamiento:** August 1 2013
Sitio web: erenweborg

[s160] - https://www.uidaho.edu/-/media/UIdaho-Responsive/Files/Extension/topic/forestry/FM31-Why-and-How-to-Thin.pdf
Autor: Ron Mahoney **Título:** Silvicultural Decisions V Why and How to Thin
por: University of Idaho **Sitio web:** University of Idaho
Editorial: UI Extension Forestry Information Series

[s161] - https://cdn.forestresearch.gov.uk/2015/09/fcfg004.pdf
Autor: Forestry Commission **Título:** Thinning Control
Fecha de lanzamiento: 2015 **Sitio web:** wwwforestrygovuk
Editorial: Forestry Commission

[s162] - https://clark.wa.gov/sites/default/files/dept/files/public-works/Forestry/Clark_County_Forest_Stewardship_Plan.pdf
Autor: Hunter Decker **Título:** Clark County Forest Stewardship Plan
por: Clark County **Fecha de lanzamiento:** October 2017
Sitio web: Clark County

[s163] - https://dnr.wisconsin.gov/sites/default/files/topic/ForestManagement/24315_23.pdf
Título: Silviculture Handbook **por:** Wisconsin Department of Natural Resources
Fecha de lanzamiento: 462020 **Sitio web:** dnrwisconsingov

[s164] - https://naturalareasnyc.org/wp-content/uploads/2024/01/Urban-Silviculture-Singles.pdf
Autor: Brittany M Wienke Clara C Pregitzer Sarah CharlopPowers Helen M Forgione Richard A Hallett Max R Piana Nancy Falxa Sonti **Título:** Urban Silviculture: Managing and Restoring Forests in Cities
por: Natural Areas Conservancy **Fecha de lanzamiento:** September 2022
Sitio web: Natural Areas Conservancy **Editorial:** Natural Areas Conservancy

[s165] - https://unfccc.int/technology/sustainable-forest-management
Título: Sustainable Forest Management **por:** UNFCCC
Sitio web: UNFCCC

[s166] - https://link.springer.com/chapter/10.1007/978-3-031-15988-6_16
Autor: Miguel Montoro Girona Louiza Moussaoui Hubert Morin Nelson Thiffault Alain Leduc Patricia Raymond Arun Bos Yves Bergeron JeanMartin Lussier **Título:** Innovative Silviculture to Achieve Sustainable Forest Management in Boreal Forests: Lessons from Two LargeScale Experiments
Fecha de lanzamiento: 26 February 2023 **Sitio web:** Springer
Editorial: Springer Nature

[s167] - https://ecologyandsociety.org/vol2/iss2/art8/
Autor: Russell T Graham Theresa B Jain **Título:** Silvicultures role in managing boreal forests
por: USDA Forest Service Rocky Mountain Research Station **Fecha de lanzamiento:** 1998
Sitio web: Ecology and Society **Editorial:** The Resilience Alliance

[s168] - https://www.uwsp.edu/wp-content/uploads/2023/04/Dey-DC-2014-Forest-Science-with-pages.pdf
Autor: Daniel C Dey **Título:** Sustaining Oak Forests in Eastern North America: Regeneration and Recruitment the Pillars of Sustainability
por: USDA Forest Service **Fecha de lanzamiento:** January 23 2014
Sitio web: University of WisconsinStevens Point **Editorial:** Forest Science

[s169] - https://www.forestry.oregonstate.edu/research-areas/silviculture-fire-forest-health-and-biodiversity
Título: Silviculture Fire Forest Health and Biodiversity **por:** Oregon State University
Sitio web: Oregon State University College of Forestry

[s170] - https://www.esf.edu/catalog/current/forest-health.php
Título: Bachelor of Science in Forest Health **por:** State University of New York College of Environmental Science and Fore stry
Sitio web: ESF

[s171] - https://tuskegee.peopleadmin.com/postings/1818
Título: Forester **por:** Tuskegee University
Fecha de lanzamiento: 02172023 **Sitio web:** tuskegeepeopleadmincom

[s172] - https://www.calpoly.edu/major/forestry-and-natural-resources
Título: Forestry and Natural Resources **por:** California Polytechnic State U niversity
Sitio web: Cal Poly

[s173] - http://catalog.wvu.edu/undergraduate/daviscollegeofagricultureandnaturalresources/frm/
Título: West Virginia University 20242025 Academic Catalog **por:** West Virginia University
Fecha de lanzamiento: 20242025 **Sitio web:** WVU Catalog

[s174] - https://naturalresources.tennessee.edu/
Título: School of Natural Resources **por:** University of Tennessee Institute of Agriculture
Sitio web: naturalresourcestennesseeedu

[s175] - https://greytowers.org/milfordexperimentalforest/
Título: Milford Experimental Forest **por:** Grey Towers Heritage Association
Sitio web: Grey Towers

[s176] - https://link.springer.com/article/10.1007/s10342-023-01641-1
Autor: Yannik Wardius Sebastian Hein **Título:** Terrestrial laser scanning vs manual methods for assessing complex forest stand structure: a comparative analy sis on plenter forests
Fecha de lanzamiento: 12 January 2024 **Sitio web:** European Journal of Forest Research
Editorial: Springer

[s177] - https://catalog.ncsu.edu/course-descriptions/for/for.pdf
Título: Course Descriptions for Forestry FOR **por:** North Carolina State University
Sitio web: North Carolina State University Catalog

[s178] - https://iforest.sisef.org/contents/?id=ifor0635-005
Autor: Marziliano PA Menguzzato G Scuderi A Corona P **Título:** Simplified methods to inventory the current annual increment of forest standing volume
por: SISEF The Italian Society of Silviculture and Forest Ecology **Fecha de lanzamiento:** 20121228
Sitio web: iForest Biogeosciences and Forestry **Editorial:** SISEF The Italian Society of Silviculture and Forest Ecology

[s179] - https://www2.gov.bc.ca/assets/gov/farming-natural-resources-and-industry/forestry/forest-health/forest_health_surveys_guidebook.pdf
Autor: British Columbia Ministry of Forests **Título:** Generic Forest Health Surveys Guidebook
Fecha de lanzamiento: February 2001 **Sitio web:** Government of British Columbia
Editorial: Forest Practices Branch Ministry of Forests

[s180] - https://dnr.wisconsin.gov/sites/default/files/topic/ForestPlanning/stakeholderInput_WSG_chapter21.pdf
Autor: Wisconsin Department of Natural Resources **Título:** Wisconsin Silviculture Guide Chapter 21: Natural Regeneration
Fecha de lanzamiento: 01042019 **Sitio web:** Wisconsin Department of Natural Resources

[s181] - https://annforsci.biomedcentral.com/articles/10.1007/s13595-012-0224-1
Autor: Matija Klopcic Andrej Boncina **Título:** Recruitment of tree species in mixed selection and irregular shelterwood forest stands
Fecha de lanzamiento: 24 July 2012 **Sitio web:** Annals of Forest Science

[s182] - https://naturalareasnyc.org/wp-content/uploads/2024/01/Urban-Silviculture-Singles.pdf

Autor: Brittany M Wienke Clara C Pregitzer Sarah CharlopPowers Helen M Forgione Richard A Hallett Max R Piana Nancy Falxa Sonti
Título: Urban Silviculture: Managing and Restoring Forests in Cities
por: Natural Areas Conservancy
Fecha de lanzamiento: September 2022
Sitio web: Natural Areas Conservancy
Editorial: Natural Areas Conservancy

[s183] - https://www2.gov.bc.ca/assets/gov/farming-natural-resources-and-industry/forestry/silviculture/silviculture-surveys/2023-silv_survey_procedures_manual-_final.pdf

Autor: Ministry of Forests
Título: Silviculture Survey Procedures Manual 2023
Fecha de lanzamiento: April 1 2023
Sitio web: Government of British Columbia

[s184] - https://bmcecol.biomedcentral.com/articles/10.1186/s12898-018-0203-y

Autor: Jonas Glatthorn Eike Feldmann Vath Tabaku Christoph Leuschner Peter Meyer
Título: Classifying development stages of primeval European beech forests: is clustering a useful tool?
por: BMC Ecology
Fecha de lanzamiento: 20 November 2018
Sitio web: BMC Ecology
Editorial: BioMed Central

[s185] - https://hal.science/hal-00883494/file/hal-00883494.pdf

Autor: Ekaterina Shorohova Timo Kuuluvainen Ahto Kangur Kalev Jgiste
Título: Natural stand structures disturbance regimes and successional dynamics in the Eurasian boreal forests: a review with special reference to Russian studies
Fecha de lanzamiento: 11 May 2020
Sitio web: HAL
Editorial: EDP Sciences

[s186] - https://www.cof.orst.edu/cof/fs/kpuettmann/Soto2020.pdf

Autor: Daniel P Soto Klaus J Puettmann
Título: Merging Multiple Equilibrium Models and Adaptive Cycle Theory in Forest Ecosystems: Implications for Managing Succession
por: Springer Nature Switzerland AG
Fecha de lanzamiento: 2 September 2020
Sitio web: Current Forestry Reports
Editorial: Springer Nature

[s187] - https://www.uwsp.edu/wp-content/uploads/2023/04/Dey-DC-2014-Forest-Science-with-pages.pdf

Autor: Daniel C Dey
Título: Sustaining Oak Forests in Eastern North America: Regeneration and Recruitment the Pillars of Sustainability
por: USDA Forest Service
Fecha de lanzamiento: January 23 2014
Sitio web: University of WisconsinStevens Point
Editorial: Forest Science

[s188] - https://dnr.wisconsin.gov/sites/default/files/topic/ForestManagement/24805.pdf

Título: Oldgrowth and Old Forests Handbook
por: Wisconsin Department of Natural Resources
Fecha de lanzamiento: 20100826
Sitio web: Wisconsin Department of Natural Resources

[s189] - https://forestecosyst.springeropen.com/articles/10.1186/s40663-016-0075-6

Autor: Timo Kuuluvainen
Título: Conceptual models of forest dynamics in environmental education and management: keep it as simple as possible but no simpler
por: Springer
Fecha de lanzamiento: 20160805
Sitio web: Forest Ecosystems
Editorial: SpringerOpen

[s190] - https://annforsci.biomedcentral.com/articles/10.1051/forest/2008083

Autor: Ekaterina Shorohova Timo Kuuluvainen Ahto Kangur Kalev Jgiste
Título: Natural stand structures disturbance regimes and successional dynamics in the Eurasian boreal forests: a review with special reference to Russian studies
Fecha de lanzamiento: January 2009
Sitio web: Annals of Forest Science

[s191] - https://research.fs.usda.gov/treesearch/53750

Autor: John M Kabrick Daniel C Dey Be njamin O Knapp David R Larsen Stephen R Shifley Henry E Stelzer
Título: Proceedings of the 20th Central Hardwood Forest Conference
por: US Department of Agriculture Forest Service
Fecha de lanzamiento: 2017
Sitio web: USDA Forest Service
Editorial: US Department of Agriculture Forest Service Northern Research Station

[s192] - https://www.uky.edu/academics/bachelors/martin-gatton-college-agriculture-food-environment/forestry

Título: Forestry Program
por: University of Kentucky
Sitio web: University of Kentucky

[s193] - https://www.michigan.gov/mdcs/-/media/Project/Websites/mdcs/JOBSPECS/F/ForestTechnician.pdf

Título: Forest Technician Job Specification
por: Michigan Civil Service Commission
Fecha de lanzamiento: 08112019
Sitio web: Michigangov

[s194] - https://warnell.uga.edu/research/content/forestry

Título: Forestry
por: University of Georgia
Sitio web: Warnell School of Forestry and Natural Resources

[s195] - https://libguides.lib.msu.edu/c.php?g=95556&p=624212

Título: Forestry Research Guide: Federal Resources
por: Michigan State University Libraries
Sitio web: MSU Libraries

Fuentes de imágenes

Información sobre todas las imágenes siguientes

Ninguna de las imágenes fue modificada, solo se ajustó la resolución.
Todas las imágenes conservan su licencia original.
A pesar de una revisión cuidadosa, no se puede garantizar la precisión y atribución de las imágenes.
Todas las imágenes utilizadas se han empleado de acuerdo con sus respectivas condiciones de licencia.
En la versión eBook, las imágenes se han organizado en collages numerados.
Todas las imágenes fueron recuperadas y verificadas 2025-01-10.

Licencias utilizadas

CC0	http://creativecommons.org/publicdomain/zero/1.0/deed.en
CC BY 4.0	https://creativecommons.org/licenses/by/4.0
CC BY 2.0	https://creativecommons.org/licenses/by/2.0
CC BY 3.0	https://creativecommons.org/licenses/by/3.0

Créditos de imágenes

[i1] - 001_001_001_image_dendrologie.jpeg
https://upload.wikimedia.org/wikipedia/commons/4/4b/16_wood_samples.jpg
Date: 20140413 **por:** CactiStaccingCrane
Artista: Anonimski **License:** CC0 http:creativecommonsorgpub licdomainzero10deeden

[i2] - 001_001_001_image_nacktsamer.jpeg
https://upload.wikimedia.org/wikipedia/commons/9/9c/Fichtennadel.jpg
Date: 20020819 **por:** Conny
Artista: Karen Johnson **License:** Public domain

[i3] - 001_001_001_image_exudate.jpeg
https://upload.wikimedia.org/wikipedia/commons/a/a9/Pycnandra_acuminata%2C_a_tree_from_New_Caledonia%2C_with_latex_exudate_containing_nickel.jpg
Date: 20210115 **por:** Flimsy slicer
Artista: Antony van der Ent **License:** CC BY 40 https:creativecommons orglicensesby40

[i4] - 001_001_002_image_meristem.jpeg
https://upload.wikimedia.org/wikipedia/commons/7/7f/Root_Apical_Meristem_cell.jpg
Date: 20190721 **por:** Naz Amann
License: CC BY 40 https:creativecommons orglicensesby40

[i5] - 001_001_003_image_eichenhainbuchenwald.jpeg
https://upload.wikimedia.org/wikipedia/commons/7/76/Oak-hornbeam_woodland_of_the_association_Primulo-Carpinetum.jpg
Date: 20240516 **por:** Lendskaip
License: CC0 http:creativecommonsorgpub licdomainzero10deeden

[i6] - 001_002_001_image_rote_eiche.jpeg
https://upload.wikimedia.org/wikipedia/commons/c/ca/Quercus_rubra_bark_%281%29.jpg
Date: 31 May 2009 **por:** File Upload Bot Magnus Manske
Artista: Chhe **License:** Public domain

[i7] - 001_003_001_image_herbarien.jpeg
https://upload.wikimedia.org/wikipedia/commons/f/fe/Metrosideros_nervulosa_twigs_Herbarium_specimen.jpg

Date:	20140902	**por:**	Ser Amantio di Nicolao
Artista:	John Game	**License:**	CC BY 20 https:creativecommons orglicensesby20

[i8] - 001_003_002_image_jahresringe.jpeg
https://upload.wikimedia.org/wikipedia/commons/4/45/Weathered_growth_rings_at_Aztec_Ruins_National_Monument.jpg

Date:	197808	**por:**	Michael Gbler
License:	CC BY 30 https:creativecommons orglicensesby30		

[i9] - 002_001_004_image_bewaesserungssysteme.jpeg
https://upload.wikimedia.org/wikipedia/commons/5/57/Irrigation_system_of_Maipu_vineyards_%28Argentina_2008%29.jpg

Date:	20081112	**por:**	Flickr upload bot
Artista:	paulus68	**License:**	CC BY 20 https:creativecommons orglicensesby20

[i10] - 002_001_004_image_mikrosprinkler.jpeg
https://upload.wikimedia.org/wikipedia/commons/d/d6/USDA_Irrigation_2011.jpg

Date:	20110616	**por:**	PineCone66
Artista:	USDA	**License:**	Public domain

[i11] - 002_002_001_image_bodenevaluierung.jpeg
https://upload.wikimedia.org/wikipedia/commons/9/91/Soybean_Field_with_Healthy_Soil_%289316804120%29.jpg

Date:	20130710	**por:**	Artix Kreiger 2
Artista:	USDA NRCS South Dakota	**License:**	Public domain

[i12] - 002_002_002_image_durchforstung.jpeg
https://upload.wikimedia.org/wikipedia/commons/9/96/Umatilla_National_Forest%2C_salvage_thinning_Badger_TS_%2836044553064%29.jpg

Date:	19990809	**por:**	Tyler ser Noche
Artista:	US Forest Service Pacific Northwest Region	**License:**	Public domain

[i13] - 002_003_001_image_duengung.jpeg
https://upload.wikimedia.org/wikipedia/commons/6/6c/Fertilizer_applied_to_corn_field.jpg

Date:	1999	**por:**	Smartse
Artista:	Lynn Betts	**License:**	Public domain

[i14] - 002_003_001_image_bodenuntersuchung.jpeg
https://upload.wikimedia.org/wikipedia/commons/e/e9/Soil_Scientist_Nathan_Haile_examines_soil_condition_in_soil_samples_taken_in_the_pasture._%2824821293820%29.jpg

Date:	20090502	**por:**	MechQuester
Artista:	USDA NRCS Texas	**License:**	Public domain

[i15] - 003_001_001_image_erhaltungsschnitt.jpeg
https://upload.wikimedia.org/wikipedia/commons/b/b4/Pruning_the_Giant_Sequoia_%28011d317c-cd96-4b36-8b3f-9e816742b6ca%29.jpg

Date:	Taken	**por:**	BMacZeroBot
Artista:	NPS	**License:**	Public domain

[i16] - 003_001_004_image_formgehoelz.jpeg
https://upload.wikimedia.org/wikipedia/commons/f/fe/Shrub%2C_Topiary_Garden.jpg

Date:	Taken	**por:**	FlickreviewR 2
Artista:	Leimenide	**License:**	CC BY 20 https:creativecommons orglicensesby20

[i17] - 003_001_004_image_formschnitt.jpeg
https://upload.wikimedia.org/wikipedia/commons/d/d4/Tree_pruning_1_%22Pseudopinus_telephoneyensis%22.jpg

Date:	20140311	**por:**	Flickr upload bot
Artista:	devra	**License:**	CC BY 20 https:creativecommons orglicensesby20

[i18] - 003_002_001_image_ambossschneider.jpeg
https://upload.wikimedia.org/wikipedia/commons/b/b1/Secateur_ouvert.jpg

Date:	20060818	**por:**	KoS
License:	Public domain		

[i19] - 003_002_003_image_stubbenfraesen.jpeg
https://upload.wikimedia.org/wikipedia/commons/f/fb/Stump_grinder.jpg

Date:	Taken	**por:**	Wikideas1
License:	CC0 http:creativecommonsorgpublicdomainzero10deeden		

[i20] - 003_002_003_image_widerstandsbohrgeraete.jpeg
https://upload.wikimedia.org/wikipedia/commons/1/10/2015._Forest_pathologist_Betsy_Goodrich_using_a_Resistograph_to_measure_the_amount_of_sound_rind_in_an_old_growth_Douglas-fir._Ohanapecosh_Campground%2C_Mt._Rainier_National_Park%2C_Washington._%2838201968944%29.jpg

Date:	20150608	**por:**	OceanAtoll
Artista:	R6 State Private Forestry Forest Health Protection	**License:**	Public domain

[i21] - 003_003_002_image_bonsai.jpeg
https://upload.wikimedia.org/wikipedia/commons/e/e1/BonsaiTridentMaple.jpg

Date:	20051004	**por:**	Fristu
Artista:	Peggy Greb USDA	**License:**	Public domain

[i22] - 004_001_001_image_kronenschluss.jpeg
https://upload.wikimedia.org/wikipedia/commons/b/bf/Provisional_Head_of_Navigation_of_Wolf_River.jpg

Date:	19980425	**por:**	File Upload Bot Magnus Manske
Artista:	curated by Gary Bridgman	**License:**	CC BY 20 https:creativecommons orglicensesby20

[i23] - 004_001_002_image_indikatorarten.jpeg
https://upload.wikimedia.org/wikipedia/commons/8/82/Old-growth_Southern_Beech_Forest_%283110124385%29.jpg

Date:	20071208	**por:**	File Upload Bot Magnus Manske
Artista:	Jason Hollinger	**License:**	CC BY 20 https:creativecommons orglicensesby20

[i24] - 004_001_002_image_waldgesellschaften.jpeg
https://upload.wikimedia.org/wikipedia/commons/9/94/Benjakitti_Forest_Park_%281%29.jpg

Date:	20211226	**por:**	Supanut Arunoprayote
License:	CC BY 40 https:creativecommons orglicensesby40		

[i25] - 004_001_002_image_waldlebensraeume.jpeg
https://upload.wikimedia.org/wikipedia/commons/3/34/Spruce_forest_at_Holma.jpg

Date:	20170609	**por:**	Wcarter
License:	CC0 http:creativecommonsorgpub licdomainzero10deeden		

[i26] - 004_001_002_image_waldoekologie.jpeg
https://upload.wikimedia.org/wikipedia/commons/4/4f/CCV-Brattleboro_Forest_Ecology_%288172053369%29.jpg

Date:	20120703	**por:**	Ser Amantio di Nicolao
Artista:	Community College of Vermont	**License:**	CC BY 20 https:creativecommons orglicensesby20

[i27] - 004_001_004_image_kleinhabitate.jpeg
https://upload.wikimedia.org/wikipedia/commons/e/e6/Beartown_Woods_Natural_Area_%2813%29_%288132881242%29.jpg

Date:	20121027	**por:**	XXN
Artista:	Nicholas A Tonelli	**License:**	CC BY 20 https:creativecommons orglicensesby20

[i28] - 004_001_004_image_waldrand.jpeg
https://upload.wikimedia.org/wikipedia/commons/4/4e/Bryophyte_community_of_the_class_Dicranelletea_heteromallae.jpg

Date:	20240226	**por:**	Lendskaip
License:	CC0 http:creativecommonsorgpub licdomainzero10deeden		

[i29] - 004_002_002_image_femelschlagverfahren.jpeg
https://upload.wikimedia.org/wikipedia/commons/7/76/Malheur_National_Forest_slash_piles_1937.jpg

Date:	Taken	**por:**	Hike395
Artista:	Ray M Filloon US Forest Service	**License:**	Public domain

[i30] - 004_003_002_image_habitatbaeumen.jpeg
https://upload.wikimedia.org/wikipedia/commons/2/27/Seed_Tree_%285554346660%29.jpg

Date:	20110225	**por:**	Ser Amantio di Nicolao
Artista:	Kaibab National Forest	**License:**	Public domain

[i31] - 004_003_003_image_drohnenaufnahmen.jpeg
https://upload.wikimedia.org/wikipedia/commons/a/aa/2019_08_23-13.44.22.790-CDT.jpg

Date:	20190823	**por:**	Missvain
Artista:	Mike McMillan DNR	**License:**	Public domain

Kolibri 360 GmbH
Ferdinand-Jühlke-Straße 7
99095 Erfurt, Deutschland
produktsicherheit@kolibri360.de